MURPHY'S
LAW

墨菲定律

用神奇的法则驾驭你的人生

秋泉 编

北京燕山出版社
BEIJING YANSHAN PRESS

图书在版编目（CIP）数据

墨菲定律 / 秋泉编 . -- 北京：北京燕山出版社，2018.6（2020.4 重印）

ISBN 978-7-5402-5180-2

Ⅰ . ①墨… Ⅱ . ①秋… Ⅲ . ①成功心理—通俗读物 Ⅳ . ① B848.4-49

中国版本图书馆 CIP 数据核字（2018）第 125348 号

墨菲定律

编　　者　秋　泉
责任编辑　贾　勇　王　迪
封面设计　余　微
责任校对　石　英
出版发行　北京燕山出版社有限公司
社　　址　北京市丰台区东铁营苇子坑路 138 号
电　　话　010-65240430
邮　　编　100078
印　　刷　北京德富泰印务有限公司
开　　本　880mm × 1230mm　1/32
字　　数　150 千字
印　　张　5
版　　次　2018 年 7 月第 1 版
印　　次　2020 年 4 月第 5 次印刷
定　　价　35.00 元

PREFACE

前　言

世界上有许多神奇的人生定律、法则，运用这些神奇的理论，我们能洞悉世事，解释人生的诸多现象，更重要的是，这些理论能指导我们如何去做，如何去改变我们的命运。不管你是否知道这些定律法则，这些法则和定律都在起着决定性的作用——只是我们很少去关注它们。古今中外，那些伟大的成功者，都深谙这些法则与定律的奥妙所在。无论我们是谁，无论我们从事什么职业，我们都需要知道这些法则和定律。

墨菲定律是以一个叫爱德华·墨菲的人命名的。1949年，他到爱德华兹空军基地参与美国空军的MX981火箭减速超重实验。他和同事们一起进行了实验，以测定人类对加速度的承受极限。其中一个实验是将16个火箭加速度计悬空装在受试者上方，而不可思议的是，负责装配的同事把这16个加速度计全都装反了！沮丧的墨菲不经意间开了这个同事一个玩笑："如果做某项工作有多种方法，而其中有一种方法将导致事故，那么一定有人会按这种方法去做。"这句话被称为"墨菲定律"，并被表述为："如果一件事有可能出错，它就一定会出错。"从此，墨菲定律迅速流传，扩散到世界各地，并演变成了各种各样的形式。后来，"墨菲定律"的条目被收入《韦氏国际词典》，与"帕金森定律""彼得原理"一齐被称为二十世纪西方文化中最杰出的三大发现。

墨菲定律虽然多以玩笑的形式展现，但却蕴涵着很深刻的道理，其含义也渗透到各个领域。它甚至无处不在，当你无视它的存在时，就会受到墨菲定律的惩罚；相反，如果你承认自己的无知，它就会帮助你防患于未然。

墨菲定律无疑对我们有着巨大的警示和指导意义。它提醒我们，不要盲目乐观、狂妄自大。错误是这个世界的一部分，与错误共生是人类不得不接受的命运；面对人类自身的缺陷，我们要学会如何接受错误，并不断从中总结经验教训，以防止人为失误导致的损失和灾难。所以，我们在事前应该尽可能想得周全一些，采取多种保险措施，清扫死角，消除不安全隐患，降低事故发生概率。

“墨菲定律”是客观存在的，弱者把它当作回天无力的借口，而强者则把它当成提醒自己随时保持警惕的警钟。

本书从实用的角度出发，分门别类地介绍了墨菲定律在各个领域的体现，精选了大量贴近大众的墨菲定律案例，进行深入浅出的解读。相信本书能让广大读者在轻松愉快的氛围中吸收墨菲定律的精华，多一分清醒，多一分智慧，从而大大提升对错误的警惕性，为获得成功提供有力的思想保证。

CONTENTS
目　录

MURPHY'S
LAW

第一章

人性定律

皮尔斯定理：意识到无知，是知道的开始

最大的智慧是看到自己的无知

在古希腊雅典的一个神庙里，有一道神谕，说世界上最聪明的人是苏格拉底。而苏格拉底却说："我唯一知道的事，就是我什么也不知道。"之所以说苏格拉底是世界上最聪明的人，是因为他意识到了自己的无知。天下最大的智慧就是能意识到自己的无知。

这个世界上从不缺少妄自尊大的人，却缺少那些真正意识到自己无知的人。越是有智慧的人，越能看到自己的无知。一个自以为无所不知的人，却往往是个真正一无所知的人。

我国古代大思想家孔子曾说："三人行，必有我师焉。"想想看，孔子本身就是一位老师，是一位智者，但他却并不认为自己无所不知，反而谦虚地认为自己还有很多不知道的东西，遇到的人中肯定会有自己的老师。不仅如此，孔子还说要"不耻下问"，意识到自己的无知是进步的起点，要真正取得进步就要靠不耻下问来填补自己的无知。大家都知道孔子一生收了不少徒弟，却不知他也拜了不少老师，只要他有不懂的问题就立刻向别人请教。也许，正是意识到自己的无知和拥有不耻下问的精神成就了孔子。

美国历史上颇有作为的总统——林肯也是如此。林肯的父亲是一个目不识丁的木匠，母亲是一位平庸的家庭主妇。而林肯却有着超凡的文笔、极强的处理事务和管理的能力。更让人吃惊的是，他一生中进学校的时间还不满一年。那他是如何获得那些学识和能力的呢？原来，林肯从小就能看到自己的无知，无论是农夫、商人、律师还是村儒

学究，他都能从其身上学到很多知识和道理。他说：“每个人都可能做我的教师。”正是这种态度，让他不断积累知识，让他不断增强能力，最终成为美国的总统。

为人应谦虚。真正的谦虚，是在对自我进行清晰剖析后，意识到自己的无知而流露出来的真实态度，而不是表面上做做样子。只有真正谦虚的人，才会得到别人真诚的建议，促进自己改正不足。

学海无涯，没有人是无所不知的。意识到自己的无知，并没有什么好丢脸的，反而是促进自己弥补无知的前提。无论你的人生追求是什么，雄心壮志是什么，在达成这些之前，首先要把自己做好了。换句话说，只有先把自己做好了，才能达成你的人生追求、雄心壮志。

古语云：“修身、齐家、治国、平天下。”把修身放在最前面，就是因为这是以下几项的前提和根本。只有先修好身，才可达到齐家、治国、平天下的目标。修身修什么？首要的就是要意识到自己的不足，然后不断地去完善自己；意识到自己的无知，然后不断地去填补空白。如何修？就是要不断地自省。只有不断地进行自我反省，才能意识到自己的无知与不足。慎独，讲的也是这个道理。

人常说，活到老学到老，学无止境。不要让自大阻挡你前进的步伐。又有言曰：“大智若愚。”那些真正有大智慧的人，从不自以为是，而是处处都以“无知”的面目示人，能意识到自己的无知，谦虚待人，不耻下问。

人贵有自知之明

老子云：“知人者智，自知者明。”《孙子兵法》中有：“知己知彼，百战不殆。”说的都是一个道理：人要懂得看清自己，人贵有自知之明。那些有所作为的人，大多是有自知之明的人。如果你不想虚度自己的人生，就先从看清自己做起吧。

春秋时期，有一段时间越国政治混乱，兵力疲弱。作为“五霸”之一的楚庄王认为，这正是攻打越国的好机会，于是就要出兵讨伐越国。这时，有一个名叫杜子的人前来劝阻。他问楚庄王：“大王要攻打越国，为的是什么？”楚庄王答：“因为越国现在政治混乱，兵力疲弱！”杜子听后，意味深长地说道：“一个人的智慧就好比人的眼睛，能够看清楚很远的地方，却始终无法看见自己的眼睫毛。自从大王的军队被秦国打败，楚国已经丧失了许多的国土，这是兵力疲弱；有人在国内造反，官吏却无法制止，这是政治混乱。目前，楚国兵弱政乱的情况与越国不相上下，而您还要出兵攻打越国，难道您就看不到自己的不足吗？”听了这一席话后，楚庄王立即取消了攻打越国的计划。

有很多人都像楚庄王一样，只看到别人的不足，却看不到自己的缺点。这样是很危险的，不自知的人很可能在战争中送命，在生活工作中失败。所以，无论何时都要谨记中国的那句古训：人贵有自知之明。

有一只乌鸦，看到老鹰总是能抓到羊吃，而自己也一样长着翅膀、尖嘴和爪子，于是它就想自己肯定也能抓到羊吃。可是，当它扑向羊的时候，不但没有抓到羊，还被羊角给扎死了。

不难看出，这只乌鸦犯的就是不自知的错，它并没有清楚地认识到自己和鹰的差别，只是想当然地认为鹰能做到的它也能做到，结果白白地送掉了性命。

其实，人无论在何时，处于何等的高位，都要做到有自知之明。应该说，越是处于高位，越要有自知之明，不要被别人的恭维蒙蔽了神志。

晕轮效应：不要像看“日晕”一样看世界

为什么我们会“爱屋及乌”

中国有句古话叫“爱屋及乌”，意思是如果爱一个人，连他家屋上的乌鸦都会喜爱。要知道，依我国传统文化，乌鸦是“不祥之鸟”，那么，为什么还会有“爱屋及乌”的现象呢？

其实，这就是晕轮效应的典型表现。无论在人际交往，还是认识事物时，人们常从对方所具有的某个特性而泛化到其他有关的一系列特性上，从局部信息形成一个完整的印象，即根据最少量的情况对别人或其他事物做出全面的结论。这实际上是个人主观推断泛化和扩张的结果。在晕轮效应影响下，一个人或事物的优点或缺点一旦变为光圈被扩大，其缺点或优点也就隐退到光圈的背后，被别人视而不见了。

下面，我们来看看博达列夫实验，亦证明同样的道理。

苏联学者博达列夫曾做过一个有趣的实验：在课堂上，他向两批学生出示同一张照片，告诉第一批学生这是一名罪犯，因杀人而入狱；告诉另一批学生这是一个物理学家，曾得过诺贝尔物理学奖。然后，他要求学生根据其形象描述其可能具有的性格。结果，第一批学生的评价都是贬义的，而第二批几乎全是赞美的。

再有，中国民间有句俗语：“情人眼里出西施”，说的是为爱慕之情所迷惑，觉得所爱女子无处不美。黄庭坚的诗“草茅多奇士，蓬荜有秀色。西施逐人眼，称心最相得”，便是由这句古话而来的。情人在相恋的时候，很难找到对方的缺点，认为他（她）的一切都是好的，做的事都是对的，就连别人认为是缺点的地方，在双方看来也是无所谓的。这也是晕轮效应的表现。

心理学家认为，这种效应是由知觉者的情感引起的、对他人的一种主观倾向。由于我们在知觉他人时有一种情感效应，我们对他人的评价就容易出现偏差。这一偏差表现为当某人或某物被我们赋予了一个肯定的、令我们喜欢的特征之后，那么这个人就可能被我们赋予许多其他好的特征。反之，如果某人或某物存在某些不良的特征，那么，我们就会认为他其他的一切都是坏的。后者被称为“坏光环效应”，也被形象地叫做“扫帚星效应”。正所谓“一好百好，一恶百恶”，在生活中，“晕轮效应”与“扫帚星效应”经常发生，这些都是人类一种奇妙的内心反应。

理性人生，辩证对待心中的“光环”

客观上讲，晕轮效应是一把双刃剑，在实际应用中，我们要辩证地对待这顶“光环”。

既然我们知道晕轮效应是一种以偏概全的评价倾向，是个人主观推断泛化和扩张的结果。那么，在实际生活中，我们就要注意在评价自己的时候，要实事求是，考虑全面。当别人称赞你的时候，要保持头脑冷静，知道自己还有不足之处；当别人贬低你的时候，也不要自暴自弃，要知道自己还有可取之处，真实客观地看待自己，避免出现以偏概全而导致的错误。

同时，我们可以利用晕轮效应为自己创造有利条件。下面，我们先来看一下麦哲伦是如何利用晕轮效应成功地获得西班牙国王卡洛尔罗斯的帮助的。

在哥伦布航海成功后，为表明自己与投机者或骗子不同，麦哲伦在觐见国王时特地邀请了当时著名的地理学家路易·帕雷伊洛同往。

帕雷伊洛将地球仪摆在国王面前，历数了麦哲伦航海的必要性及种种好处。结果，卡洛尔罗斯国王果然被说服了，麦哲伦成功地得到资助，进行了环绕地球一周的航行。然而，在麦哲伦等人结束航海后，人们发现了他对世界地理的认识及他所计算的经纬度有诸多偏差。

可见，卡洛尔罗斯国王之所以资助麦哲伦，并不是因为麦哲伦本人或帕雷伊洛的劝说内容，只是因为他认为帕雷伊洛作为专家，其建议一定值得信赖。所以，适当地运用晕轮效应，有助于我们积极地发展。

此外，在认识或接触其他人和事物的时候，晕轮效应的负面影响会给人的心理带来很大的障碍。

普希金是俄国著名诗人，当他遇到被公认为“莫斯科第一美人”的娜坦丽时，为她的美丽而心动，以至于疯狂地爱上了她。在普希金眼里，一个漂亮的女人也必然有非凡的智慧和高贵的品格。然而，事实并非如此。他们结婚后，普希金每次把自己的诗读给娜坦丽听时，她总是不耐烦地捂着耳朵说：“不听！不听！”相反，她总是要普希金陪她游玩，参加晚会、舞会。普希金为了她放弃了诗歌创作，弄得债台高筑，甚至还为了她与别人决斗而牺牲了生命。

通过普希金的故事，我们要明白，在现实生活中，千万不能让“一俊遮百丑”蒙蔽了我们的双眼和理智。对一个人或事物，不要急于下判断，不要以偏概全，要做全面的了解，避免“晕轮效应”的偏差。

正如著名文学家陀思妥耶夫斯基所言：“倘若你想征服全世界，你就得先征服自己。”请辩证地对待我们心中的“光环”，理性地走出精彩的人生！

权威效应：人微则言轻，人贵则言重

南朝的刘勰写出《文心雕龙》却无人重视，他请当时的大文学家沈约审阅，沈约不予理睬。后来他装扮成卖书人，将作品送给沈约。沈约阅后评价极高，于是《文心雕龙》成了中国文学评论的经典名著。在我们赞赏刘勰聪慧的同时，也不得不折服于心理学中强大的权威效应。

掀开“机长综合征”的心理学面纱

在航空工业界，有一个现象叫“机长综合征”。说的是在很多事故中，机长所犯的错误都十分明显，但飞行员们没有针对这个错误采取任何行动，最终导致飞行事故。下面这个故事，就是“机长综合征”的一个典型。

一次，著名空军将领乌托尔·恩特要执行一次飞行任务，但他的副驾驶员在飞机起飞前生病了，于是总部临时给他派了一名副驾驶员做替补。和这位传奇的将军同飞，这名替补觉得非常荣幸。在起飞过程中，恩特哼起歌来，并把头一点一点地随着歌曲的节奏打拍子。这个副驾驶员以为恩特是要他把飞机升起来，虽然当时飞机还远远没有达到可以起飞的速度，他还是把操纵杆推了上去。结果飞机的腹部撞到了地上，螺旋桨的一个叶片飞入了恩特的背部，导致他终生截瘫。

事后有人问这位副驾驶员：“既然你知道飞机还不能起飞，为什么要把操纵杆推起来呢？”他的回答是：“我以为将军要我这么做。”

从心理学角度讲，这个故事反映了社会中普遍存在的一种心理现象——权威效应。也就是说，尽管我们每个人都对身边的人或者对社会有一定的影响力，但影响力的大小有所不同。一般来说，权威人士容易对其他人产生更大的影响。

例如，某天你眼部不适，到医院就诊，如果其他条件相同，有一位眼科专家和一位刚从医学院毕业的年轻大夫供你选择，相信你一定会选择专家。还有，一篇医学论文是被推荐到联合国的某个组织去报告，还是刊登在普通杂志上，这种反映医学成就的信息，其影响肯定是不同的。

权威对我们的影响力要超出常人，崇尚权威，迷信权威人士成了社会大众的一个普遍特征。社会中大多数处于中下层地位的人，学识有限，心理脆弱，对超出自身生活经验的问题不甚了解，不辨真伪，因而盲目相信所谓权威的意见。他们甚至不在乎“说什么”，只在乎说者本身的权威地位。古往今来的君主枭雄、教主领袖，乃至市井中有号召力之人，他们的号召力往往正是来源于对大众心理的这种控制。

在现实生活中，无论是做人，还是做事，我们都要擦亮双眼，理智思考，不要让权威成为遮盖事实真相的心理面纱。

自信是突围负面“权威效应”的利器

不可否认，“权威效应”有它积极的一面，在日常生活中，积极、上进的“权威效应”是值得提倡的。

例如，树立权威人士做群众的好榜样，有助于形成良好的社会风尚；请权威人士担任形象大使，负责环保、节能、关爱生命、如何急救等有意义的公益宣传，将会在大众心中留下更深刻的印象，从而起到更好的促进作用。

然而，“权威效应”也有其消极、颓废一面。例如，某些虚假、误导的广告，由于聘请了一些权威人士进行代言，造成诸多消费者受骗上当。特别是那些涉及医药用品与医疗服务方面的广告，造成的危害及恶劣影响更大。要知道，从心理学层面讲，对于大众而言，权威人士代言广告的性质属于“证言广告”，大家虽然没有切身去体验，但因为对代言者的推崇和信任，往往会对产品热心追捧，甚至深信不疑。这也是为何人们再三强调，权威人士或名人在代言广告方面，要强化一种责任感和守法意识。

作为普通人，我们应该明白，其实“权威”也是凡人，他们或多或少都会受到时代和自身条件的局限。如果我们不能认识到这一点，而总是跪倒在“权威”的面前，那么我们就永远不会进步。

我们具体应该如何破除“权威效应”的消极圈套呢？

洛德·卢瑟福是英国著名核物理学家，因对元素裂变的研究获得了1908年诺贝尔化学奖。他曾断言：“由分裂原子而产生能量，是一种无意义的事情。任何企图从原子蜕变中获取能源的人，都是在空谈妄想。”但数年后，用于发电的原子能就问世了。目前原子能已经成为主要的发电新能源。在法国，原子能的利用率甚至已占各种能源的40%。

在科学大发现的时代——19世纪，当牛顿发现万有引力定律，伦琴发现X射线后，有科学家曾断言：科学的路已走到头了，以后的科学家的任务就是尽量使实验做得更精确一些。但不久，爱因斯坦就发现了“相对论”，为科学界打开了新视野。

与之类似，下面是一个令人深思的真实故事：

一位导师，每天晚饭后都要出去散步，在散步之前，他都要给他的一位学生留三道题，放在桌子上，等学生来解答。

这天这位学生发现老师只给他留了两道题，他很快做完了，又在老师的书中发现了一个折着的小字条，上面写着一道题，题目是：“如何用一支圆规和一把没有刻度的尺子来画一个正十七边形？”他开始苦思冥想，到深夜的时候，终于找到了答案。于是次日来见他的导师，导师看到答案后异常地惊讶，因为那道夹在书里的题目是他打算花大力气解决的，是当时数学界的一道难题。这位学生就是高斯。

试想，如果当时高斯知道那是一道当时数学界的难题，也许根本不会那么快找到答案。

所以，我们不要被问题吓倒，不要惧怕权威，更不能盲目地迷信权威。我们应该学会独立思考，用自信心作为突围那些权威名义下的种种圈套的利器。

心理摆效应：人心也会像钟摆一样

解惑“乐极生悲”

如果直接告诉你，你的心里有个钟摆，你一定不会相信。那么，请你回想，自己的心情是否曾如大海的波涛一样，大起大落？例如，同朋友聚会时热闹得快快乐乐，自己单独一人时又孤寂得冷冷清清；出去玩一场觉得很开心，可回来后又为日常生活的单调枯燥而心烦……这些，都是我们内心向两个极端摆动的现象。

事实就是这样，我们的心理都有十分明显的两极性。有肯定与否定、积极与消极、紧张与轻松、激动与平静、爱与恨、乐与悲、祸与福、赞成与反对等等。

在日常生活中，人们的心理会随着特定背景的心理活动而产生在这些两极之间摆动的现象。范进中举是《儒林外史》中最为精彩、最振聋发聩的篇章，范进的乐极生悲就是典型的心理摆效应的例子。

乡试出榜那天，家里断炊，范进抱着一只母鸡到集上去卖。报喜人来了，邻居寻范进回去打发报喜人，范进不信，被邻居一把拖了回来。范进三两步走进屋里来，见中间报帖已经升挂起来，上写道：“捷报贵府老爷范讳进高中广东乡试第七名亚元。京报连登黄甲(金榜)。”范进不看便罢，看了一遍，又念了一遍，自己把两手拍了一下，笑了一声说道：“噫！好了！我中了！”说着，往后一跤跌倒，牙关紧咬，不省人事。范进被人唤醒后，哭笑无常，满街疯癫。后来，经他的岳父胡屠户扇了一记耳光，惊醒过来，疯病才见好。

多数人都不解，一个正常的人为什么会产生心理摆效应呢？这主要有如下几个原因：

第一，心理存在着一种起伏现象。这是说，人的心理变化犹如大海的波涛，潮起潮落，经常按照一定的规律变化。而这种变化总是在心理的两极来回摆动，从而产生心理摆效应。

第二，心理摆效应的产生与个人的两极循环人格密切相关。有些人的人格特征总是两极心理状态很明显，一会儿狂喜，一会儿宁静；一会儿激情万丈，一会儿心灰意冷；一会儿快快乐乐，一会儿哭哭啼啼；一会儿爱，一会儿恨等等。这些人特别容易产生心理摆效应。

第三，与环境、角色反差较大有关系。一般来说，环境与角色反差较大的人，心理摆效应易产生；反之，不太容易产生。心理学家认为，人的感情在外界刺激的影响下，具有多角度性和两极性的特点。每一种感情具有不同的等级，还有着与之相对立的情感状态，如爱与恨、欢乐与忧愁等。在特定背景的心理活动过程中，感情的等级越高，那么在这种情形下出现的“心理斜坡”就越大，因此也就越容易向相反的情绪状态进行转化。

顺其自然，让心不再摇摆

面对“心理摆效应”给我们带来的不良反应，我们应该如何应对呢？难道就让情绪无情地操控着我们，使心成为一个无休止的钟摆吗？

当然不是！我们应懂得顺其自然，要知道，人生不能总是高潮，生活也不可能永远是低谷。

在现实生活中，我们难免会遇到一些可怕的不幸、灾难或不愿意接受的事实，但是，这些往往是我们无法选择、也不可避免的。对此，明智的应对方案就是默默地接受，从而避免心情陷于低潮。还有另一种方法，也可以帮助你减弱不幸的伤害，那就是，当不幸降临时，不要将其放在心里，予以忽略，予以蔑视，以此来调整心态。

面对不可避免的事实，我们就应该学着做到诗人惠特曼所说的那样：“让我们学着像树木一样顺其自然，面对黑夜、风暴、饥饿、意外与挫折。”因为，环境不能决定你是否快乐，你对事情的反应才决定你的心情。

请记住这样一句话：要驱除生命中的黑暗，最好的办法就是使生命充满阳光；要避免混乱，就得追求和谐；要使头脑戒绝错误，就得使头脑充满真知；要远离邪恶，就得多多思索美好可爱的事物；要摆脱一切讨厌和不健康的东西，就必须深思一切怡人和有益健康的事情。因为截然相反的思想不可能同时占据一个人的头脑。做到这一点，你就真正成为了自己情绪的主人。

我们一定要懂得消除一些思想上的偏差。人生有聚也有散，生活有乐也有苦。有些人由于希望永远生活在激情、浪漫、刺激等理想的境界之中，因而对缺之上述因素的平凡生活状态总是心存排斥，他们的心情自然就会因生活场景的变化而大起大落。

我们应该学会体验各种生活状态的不同乐趣。既能在激荡人心的活动中体验激情的热烈奔放，又能在平淡如水的日常生活中享受悠然自得的生活情趣。唯有此，自己才能在生活场景发生较大转换时，避免心理上产生巨大的失落感和消极的情绪。

此外，避免心理的极性摇摆，我们还要做到加强理智对情绪的调控作用。让自己快乐兴奋的生活时空中，保持适度的冷静和清醒。而当自己转入情绪的低谷时，要尽量避免不停地对比和回顾自己情绪高潮时的“激动画面”，隔绝有关刺激源，把注意力转入一些能平和自己心境或振奋自己精神的事情和活动当中去。

情感宣泄定律：请给情感一个宣泄的窗口

由祥林嫂的喋喋不休

鲁迅笔下的祥林嫂，作为《祝福》的主人公，以“喋喋不休地讲述阿毛事件”而为人们所熟知。由于第二个丈夫的死，特别是儿子阿毛的死，祥林嫂的心理处于极度的紊乱状态，正常的精神发展在屡次的灾祸中严重受阻，只有依赖倾诉——反复絮叨她的“阿毛的故事”，来宣泄她那被压抑且痛苦的情感。祥林嫂也是人，这种倾诉，更确切地说是宣泄，完全是创伤心理求得安慰的需要。

仔细想想，我们生活中一反常态的絮叨、歇斯底里，乃至许多失去理智的疯狂举动，不就是因为遭遇灾祸或不顺，对情绪的发泄吗？我们每个人在一生中都会产生数不清的意愿、情绪，但最终能实现、能满足的却并不多，因此也就需要情绪的宣泄。

有人认为，对那些未能实现的意愿、未能满足的情绪，应该千方百计地压抑、克制，不能发泄出来。殊不知，这种做法会产生一种心理上的能量，若不通过其他的途径进行释放，它自身丝毫不会减少，就好像物理学上的“能量守恒定律”。

还有，即使你在压抑、克制阶段意识不到它的存在，但实际上它对你的影响仍然存在，而且一直在找机会真正发泄出去。

王先生是某公司的职员，有段时间经理总是批评他这不对、那不对。自己已经很努力了，可还是被扣上“效率低”的帽子。不过，谁叫人家是领导呢？王先生有怒不敢言，在公司竭力压抑自己，并在心里自我慰藉说“能忍的人情商高”。

可是，每次下班回到家后，王先生总觉得心里堵得慌。于是，他就拿起笔练练字，想通过这种方式平静一下自己。谁料，等他写满一张纸才发现，纸上写的，除了经理的名字外，就是“龌龊”、“王八蛋”等一类不满和愤恨的话，连他自己都不敢相信。

通过上面王先生的例子，我们可以看出，情绪需要宣泄的时候，光靠自己的克制是解决不了问题的，即使不经意间，它也会向外流露，方式不仅仅局限于祥林嫂的“说”，王先生的“写”也可以，这就像人类的本能一样。

及时疏导，别让坏情绪“决堤”

生活中，难免会发生失败等不顺我们心意的事情。由此所产生的情绪，如同洪水一样，若不及时把它泄出去，就会给我们心理的堤坝造成强大压力。对此，我们不能采用堵的方法，因为随着水位的升高，堵塞只能是暂时的，到一定程度就会造成“决堤”，那时情况就更严重了。

也许你会问：“在心理上筑高堤坝不行吗？”要知道，如果这样做，势必使人在心理上与外界日益隔绝，造成精神的忧郁、孤独、苦闷及窒息等不良后果。同时，这股暗流达到一定程度，还是要冲破心理的堤坝，甚至导致精神失常。

从科学上来讲，对于这样的情绪，最好的办法是疏导。霍桑工厂的谈话试验就是很好的例证。

美国芝加哥市郊外的霍桑工厂是一个生产电话交换机的工厂，薪资待遇等各方面条件都相当不错，但工人们仍然愤愤不平，生产状况也不理想。为探求原因，美国国家研究委员会组织了一个由心理学家等多方面专家参与的研究小组，对工厂生产效率与工作物质条件之间的关系进行了研究。

在这一系列试验研究中，有一个是谈话试验。在大约2年多的时间里，心理专家们找工人个别谈话2万余次。在谈话中，专家耐心地听取工人对管理的意见和抱怨，不做任何反驳和训斥，让工人们把不满情绪尽情地宣泄出来。出乎意料的是，这一谈话试验收到了非常好的效果：工厂的工作效率大大提高。

关于这个试验，心理学家分析，工人长期以来对工厂各种管理制度有诸多不满而无处发泄，而专家们通过谈话恰好能让他们将这些不满发泄出来，对情绪起到疏导的作用，从而心情舒畅，干劲倍增，工作效率自然也会大大提高。

再如，中国一些小学为学生开设"情感宣泄"课，让学生走上讲台，讲述自己心中的苦闷、遇到的困惑或者想发泄的事情。这样不仅对学生进行了情绪疏导，为他们提供宣泄的机会，其他同学还可以帮忙想办法、出点子，使学生们在互相帮助中学会如何摆脱苦恼，增进相互间的了解，从而形成融洽的人际关系。

需要注意的是，虽然情绪需要宣泄，但要注意合理性。这就好比我们用高压锅做饭，一方面要将气适当地放掉，另一方面也要保证把饭做好。如果只知道将气泄掉，那么，拿掉整个锅盖就可以达到目的了。然而，这样做却使饭夹生了。因此，情绪宣泄不仅要有建设性，还应该是无害的。

在宣泄的过程中，尽量不要指责别人，而用诉苦的方式，更容易博得别人的理解。也可以找个不影响他人的适当场合，自己大哭一场，或者听音乐，做运动，自言自语，写写日记，养育鱼鸟，种植花木，找心理医生等，都是很好的宣泄方式。

MURPHY'S
LAW

第二章

成功学定律

木桶定律：抓最“长”的，不如抓最“短”的

克服人性“短板”，避开成事“暗礁”

一位老国王给他的两个儿子一些长短不同的木板，让他们各做一个木桶，并承诺：谁做的木桶装下的水多，谁就可以继承王位。大儿子为把自己的木桶做大，每块挡板都削得很长，可做到最后一条挡板时没有木材了；小儿子则平均地使用了木板，做了一个并不是很高的木桶。结果，小儿子的木桶装的水多，最终继承了王位。

与此类似，遇到问题时，我们若能先解决导致问题的“短板”，便可大大缩短解决问题的时间。

俗话说“人无完人”，确实，人性是存在许多弱点的，如恶习、自卑、犯错、忧虑、嫉妒等等。根据木桶定律，这些短处往往是限制我们能力的关键。就像木桶一样，一个木桶能装多少水，并不是用最长的木板来衡量的，而是要靠最短的木板来衡量，木桶装水的容量受到最短木板的限制，所以，要想让木桶装更多的水，我们必须加长自己最短的木板。

1. 恶习

我们时时刻刻都在无意识地培养着习惯，这令我们在很多情况下都要臣服于习惯。然而，好的习惯可为我们效力，不好的习惯，尤其是恶习（如拖沓、酗酒等），会在做事时严重拖我们的后腿。所以，我们要学会对自己的习惯分类，对不好的习惯进行改正、完善，以免将成功毁在自己的恶习之中。

2. 自卑

自卑，可以说是一种性格上的缺陷，表现为对自己的能力、品质评价过低。它往往会抹杀我们的自信心，本来有足够的能力去完成学业或工作任务，却因怀疑自己而失败，显得处处不行，处处不如别人。所以，做事情要相信自己的能力，要告诉自己“我能行”、“我是最棒的”，那样，才能把事情办好，走向成功。

3. 犯错

人们通常不把犯错误看成是一种缺陷，甚至把“失败是成功之母”当成自己的至理名言。殊不知，有两种情况下犯错误就是一种缺陷。一种是不断地在同一个问题上犯错误，另一种是犯错误的频率比别人高。这些错误，或许是因他们的态度问题，或许是因他们做事不够细心，没有责任心导致的，但无论哪种，都是成功的绊脚石。因此，平时要学会控制自己，改掉马虎大意等不良习惯；犯错后不要找托辞和借口，懂得正视错误，并加以改正。

4. 忧虑

有位作家曾写道：给人们造成精神压力的，并不是今天的现实，而是对昨天所发生事情的悔恨，以及对明天将要发生事情的忧虑。没错，忧虑不仅会影响我们的心情，而且会给我们的工作和学习带来更大的压力。更重要的是，无休止的忧虑并不能解决问题。所以，我们要学会控制自己的情绪，客观地去看问题，在现实中磨炼自己的性格。

5. 妒忌

妒忌是人类最普遍、最根深蒂固的感情之一。它的存在，总是令我们不能理智地、积极地做事，于是，常导致事倍功半，甚至劳而无功的结果。因此，无论在生活中，还是在工作中，我们都应平和、宽容地对待他人，客观地看待自己。

6. 虚荣

每一个人都有一点虚荣心，但是过强的虚荣心，使人很容易被赞美之词迷惑，甚至不能自持，很容易被对手打败。所以，我们要控制虚荣，摆脱虚荣，正确地认识自己。

7. 贪婪

由于太看重眼前的利益，该放弃时不能放弃，结果铸成大错，甚至悔恨终生。众所周知，很多人因太贪钱财等身外之物而毁了大好前程，有时明知是圈套，却因为抵御不住诱惑而落入陷阱。说到底，不是人不聪明，而是败给了自己的贪欲。可见，要成事，先要找对心态，知足才能常乐。

一位伟人曾经说过："轻率和疏忽所造成的祸患将超乎人们的想象。"许多人之所以失败，往往是因为他们没有注意到自己成功路上的那块短板，如车祸、建筑工程质量、行贿受贿等。所以，我们要想做好事情，应先学会做人，找到自己成功路上的短板，取长补短，从而摆脱弱点对我们的控制。

找到"阿喀琉斯之踵"，让问题迎刃而解

在希腊神话中，有这样一个意义深刻的故事：

阿喀琉斯是希腊神话中最伟大的英雄之一。他的母亲是一位女神，在他降生之初，女神为了使他长生不死，将他浸入冥河洗礼。阿喀琉斯从此刀枪不入，百毒不侵，只有一点除外——他的脚踵被提在女神手里，未能浸入冥河，于是脚踵就成了这位英雄的唯一弱点。

在漫长的特洛伊战争中，阿喀琉斯一直是希腊人最勇敢的将领。他所向披靡，任何敌人见了他都会望风而逃。

但是，在十年战争快结束时，敌方的将领帕里斯在众神的示意下，抓住了阿喀琉斯的弱点，一箭射中他的脚踵，阿喀琉斯最终不治而亡。

与"阿喀琉斯之踵"类似，任何事情或组织都有它的最薄弱之处，而问题又往往由这里产生。那么，如果我们把这个最薄弱处解决，问

题往往就迎刃而解了。

曾有一家刚起步的电子商务公司，采购与销售是两个独立的部门，公司规定两个部门的资料每周沟通2次。然而，由于平时业务繁忙，再加上两个部门的员工不能及时交流沟通，总是造成销售人员在认为商品有货源的情况下接受了顾客的订单，但采购部实际上并不能在短时间内找到相应的货源。于是，顾客不能按时收到商品，公司经常接到投诉和顾客的抱怨，严重影响了业绩和公司的形象。

总经理发现了两个部门缺少沟通这一关键而又薄弱的环节后，为全公司所有员工电脑安装了及时沟通软件，让两个部门的员工能及时沟通。同时，还在公司建立了库存与近期货源一览表。从而避免了原来有单无货的不良现象，既提高了公司的业绩，又提升了公司的形象。

通过这个例子可以看出，如果不能及时解决采销两个部门沟通的这块“短板”，无论销售人员如何努力接订单，对解决问题仍没有实质性的收效。因此，抓住导致问题的短板，并从根本上予以解决，才能使问题迎刃而解。

与此类似的例子还很多，例如，你和竞争对手同时争取一个项目，那么，你就需要了解对方的薄弱之处在哪儿，如何用你的强势攻克对手的薄弱环节；家庭因家电超负荷导致停电，检查电线和电器往往不起丝毫作用，而真正的解决方法应该是修好脆弱的保险丝；孩子成绩不好，解决的方法不是帮他们做题、写作业，也不是用训斥来打击他们幼小的心灵，而是要找到孩子在学习上的薄弱之处，从这里着手，才能从根本上提高孩子的成绩……

木桶定律让我们明白，遇到问题，不要蛮干，要找到导致问题的短板，科学地予以解决，从而达到事半功倍的效果。

艾森豪威尔法则：分清主次，高效成事

做事分等级，先抓牛鼻子

一天，动物园管理员发现袋鼠从笼子里跑出来了，于是开会讨论，大家一致认为是笼子的高度过低。所以他们将笼子由原来的 10 米加高到 30 米。第二天，袋鼠又跑到外面来，他们便将笼子的高度加到 50 米。这时，隔壁的长颈鹿问笼子里的袋鼠："他们会不会继续加高你们的笼子？"袋鼠答道："很难说。如果他们再继续忘记关门的话！"

事有"本末""轻重""缓急"，关门是本，加高笼子是末，舍本而逐末，当然不见成效了。与之类似，我们常常会看到这样的现象，一个人忙得团团转，可是当你问他忙些什么时，他却说不出个具体来，只说自己忙死了。这样的人，就是做事没有条理性，一会儿做这一会儿做那，结果没一件事情能做好，不仅浪费时间与精力，更没见什么成效。

其实，无论在哪个行业，做哪些事情，要见成效，做事过程的安排与进行次序非常关键。

有一次，苏格拉底给学生们上课。他在桌子上放了一个装水的罐子，然后从桌子下面拿出一些正好可以从罐口放进罐子里的鹅卵石。当着学生的面，他把石块全部放到了罐子里。

接着，苏格拉底向全体同学问道："你们说这个罐子是满的吗？"

学生们异口同声地回答说："是的。"

苏格拉底又从桌子下面拿出一袋碎石子，把碎石子从罐口倒下去，然后问学生："你们说，这罐子现在是满的吗？"

这次，所有学生都不做声了。

过了一会，班上有一位学生低声回答说："也许没满。"

苏格拉底会心地一笑，又从桌下拿出一袋沙子，慢慢地倒进罐子里。倒完后，再问班上的学生："现在再告诉我，这个罐子是满的吗？"

"是的！"全班同学很有信心地回答说。

不料，苏格拉底又从桌子旁边拿出一大瓶水，把水倒在看起来已经被鹅卵石、小碎石、沙子填满了的罐子里。然后又问："同学们，你们从我做的这个实验得到了什么启示？"

话音刚落，一位向来以聪明著称的学生抢答道："我明白，无论我们的工作多忙，行程排得多满，如果要逼一下的话，还是可以多做些事的。"

苏格拉底微微笑了笑，说："你的答案也并不错，但我还要告诉你们另一个重要经验，而且这个经验比你说的可能还重要，它就是：如果你不先将大的鹅卵石放进罐子里去，你也许以后永远没机会再把它们放进去了。"

通过这个故事，我们发现，做事前的规划非常重要。在行动之前，一定要懂得思考，把问题和工作按照性质、情况等分成不同等级，然后巧妙地安排完成和解决的顺序。这样才能收到事半功倍的成效。

这就是艾森豪威尔原则的明智之处。它告诉我们，做事前需要科学地安排，要事第一，先抓住牛鼻子，然后再依照轻重缓急逐步执行，一串串、一层层地把所有的事情拎起来，条理清晰，成效才能显著，不要眉毛胡子一把抓。再如最前面动物园的例子，凡事都有本与末、轻与重的区别，千万不能做本末倒置、轻重颠倒的事情。

艾森豪威尔原则分类法

我们知道了做任何事情，只有事前理清事情的条理，排定具体操作的先后顺序，一切才能流畅地进行，并得到良好的收效。

在这方面，艾森豪威尔原则给出了一些具体的方法，可以帮助我们根据自己的目标，确定事情的顺序。

这一原则将工作区分为 5 个类别：

A：必须做的事情；

B：应该做的事情；

C：量力而为的事情；

D：可委托他人去做的事情；

E：应该删除的工作。

每天把要做的事情写在纸上，按以上 5 个类别将事情归类：

A：需要做；

B：应该做；

C：做了也不会错；

D：可以授权别人去做；

E：可以省略不做。

然后，根据上面归类，在每天大部分的时间里做 A 类和 B 类的事情，即使一天不能完成所有的事情，只要将最值得做的事情做完就好。

同样的道理，把自己 1 ~ 5 年内想要做的事情列出来，然后分为 ABC 三类：

A：最想做的事情；

B：愿意做的事情；

C：无所谓的事情。

接着，从 A 类目标中挑出 A1、A2、A3，代表最重要、次重要和第三重要的事情。

再针对这些 A 类目标，抄在另外一张纸上，列出你想要达成这些目标需要做的工作，接着将这份清单再分出 ABC 等级：

A：最想做的事情；

B：愿意做的事情；

C：做了也不会错的事情。

把这些工作放回原来的目标底下，重新调整结构，规划步骤，接着执行。

这些又被称为六步走方法，即挑选目标、设定优先次序、挑选工作、设定优先次序、安排行程、执行。把这些培养成每天的习惯，长期坚持并贯彻下去，相信，无数个条理性的成功慢慢累积，将会使你拥有非常成功的人生。

现实生活中，很多时候，我们总觉得自己身边有“时间盗贼”，没做多少事情，一天就匆匆过去。忙忙碌碌，年复一年，成绩、业绩却寥寥无几。

有句老话说得好：“自知是自善的第一步。”要想改善现状，首先要找出问题的根源。此刻，请你仔细地考虑一下，到底是什么偷走了你的时间？是什么让你日复一日地感到时间的压力？想明白这些问题，拿起笔和纸，按照艾森豪威尔原则，开始规划你的每一天，让时间不再像以往那样在不知不觉中被偷走。

墨菲定律：与错误共生，迎接成功

不存侥幸心理，从失败中汲取教训

众所周知，人类即使再聪明也不可能把所有事情都做到完美无缺。正如所有的程序员都不敢保证自己在写程序时不会出现错误一样，容易犯错误是人类与生俱来的弱点。这也是墨菲定律一个很重要的体现。

想取得成功，我们不能存有侥幸心理，想方设法回避错误，而是要正视错误，从错误中汲取经验教训，让错误成为我们成功的垫脚石。关于这一点，丹麦物理学家雅各布·博尔就是最好的证明。

一次，雅各布·博尔不小心打碎了一个花瓶，但他没有像一般人那样一味地悲伤叹惋，而是俯身精心地收集起了满地的碎片。

他把这些碎片按大小分类称出重量，结果发现：10 ~ 100 克的最少，1 ~ 10 克的稍多，0.1 克和 0.1 克以下的最多；同时，这些碎片的重量之间表现为统一的倍数关系，即较大块的重量是次大块重量的 16 倍，次大块的重量是小块重量的 16 倍，小块的重量是小碎片重量的 16 倍……

于是，他开始利用这个“碎花瓶理论”来恢复文物、陨石等不知其原貌的物体，给考古学和天体研究带来意想不到的效果。

事实上，我们主要是从尝试和失败中学习，而不是从正确中学习。例如，超级油轮卡迪兹号在法国西北部的布列塔尼沿岸爆炸后，成千上万吨的油污染了整个海面及沿岸，于是石油公司才对石油运输的许多安全设施重加考虑。还有，在三里岛核反应堆发生意外后，许多核反应过程和安全设施都改变了。

可见，错误具有冲击性，可以引导人想出更多细节上的事情，只有多犯错，人们才会多进步。假如你工作的例行性极高，你犯的错误就可能很少。但是如果你从未做过此事，或正在做新的尝试，那么发生错误在所难免。发明家不仅不会被成千的错误击倒，而且会从中得到新创意。在创意萌芽阶段，错误是创造性思考必要的副产品。正如耶垂斯基所言：“假如你想打中，先要有打不中的准备。”

现实生活中，每当出现错误时，我们通常的反应都是："真是的，又错了，真是倒霉啊！"这就是因为我们以为自己可以逃避"倒霉"、"失败"等，总是心存侥幸。殊不知，错误的潜在价值对创造性思考具有很大的作用。

人类社会的发明史上，就有许多利用错误假设和失败观念来产生新创意的人。哥伦布以为他发现了一条到印度的捷径，结果却发现了新大陆；开普勒发现了行星间引力的概念，却是偶然间由错误的理由得到的；爱迪生也是知道了上万种不能做灯丝的材料后，才找到了钨丝……

所以，想迎接成功，先放下侥幸心理，加强你的"冒险"力量。遇到失败，从中汲取经验，尝试寻找新的思路、新的方法。

从哪里跌倒，就从哪里爬起来

英国小说家、剧作家柯鲁德·史密斯曾说过："对于我们来说，最大的荣幸就是每个人都失败过。而且每当我们跌倒时都能爬起来。"成功者之所以成功，只不过是他不被失败左右而已。

1927 年，美国阿肯色州的密西西比河大堤被洪水冲垮，一个 9 岁的黑人小男孩的家被冲毁，在洪水即将吞噬他的一刹那，母亲用力把他拉上了堤坡。

1932 年，男孩 8 年级毕业了，因为阿肯色州的中学不招收黑人，他只能到芝加哥就读，但家里没有那么多钱。那时，母亲做出了一个惊人的决定——让男孩复读一年，她给 50 名工人洗衣、熨衣和做饭，为孩子攒钱上学。

1933 年夏天，家里凑足了那笔费用，母亲带着男孩踏上火车，奔向陌生的芝加哥。在芝加哥，母亲靠当佣人谋生。男孩以优异的成绩读完中学，后来又顺利地读完大学。1942 年，他开始创办一份杂志，但最后一道障碍是缺少500美元的邮费，不能给订户发函。一家信贷公司愿借贷，但有个条件，得有一笔财产作抵押。母亲曾分期付款好长时间买了一批新家具，这是她一生最心爱的东西，但她最后还是同意将家具作为抵押。

1943年，那份杂志获得巨大成功。男孩终于能做自己梦想多年的事了：将母亲列入他的工资花名册，并告诉她她算是退休工人，再不用工作了。母亲哭了，那个男孩也哭了。

后来，在一段反常的日子里，男孩经营的一切仿佛都坠入谷底，面对巨大的困难和障碍，男孩感到已无力回天。他心情忧郁地告诉母亲："妈妈，看来这次我真要失败了。"

"儿子，"她说，"你努力试过了吗？"

"试过。"

"非常努力吗？"

"是的。"

"很好。"母亲果断地结束了谈话，"无论何时，只要你努力尝试，就不会失败。"

果然，男孩渡过了难关，攀上了事业新的巅峰。这个男孩就是驰名世界的美国《黑人文摘》杂志创始人、约翰森出版公司总裁、拥有3家无线电台的约翰·H·约翰森。

事实上，得失本来就不是永恒的，是可以相互转化的矛盾共同体。记得有一本杂志曾归纳出关于失败的优胜可能：

失败并不意味着你是一位失败者——失败只是表明你尚未成功。

失败并不意味着你一事无成——失败表明你得到了经验。

失败并不意味着你是一个不知灵活性的人——失败表明你有非常坚定的信念。

失败并不意味着你要一直受到压抑——失败表明你愿意尝试。

失败并不意味着你不可能成功——失败表明你也许要改变一下方法。

失败并不意味着你比别人差——失败只表明你还有缺点。

失败并不意味着你浪费了时间和生命——失败表明你有理由重新开始。

失败并不意味着你必须放弃——失败表明你还要继续努力。

失败并不意味着你永远无法成功——失败表明你还需要一些时间。

失败并不意味着命运对你不公——失败表明命运还有更好的给予。

那么，期待成功的你，不要再被一时的失败左右了，在哪里跌倒，就在哪里爬起来吧！

酝酿效应：灵感来自偶然，有时不期而至

为何遇到难题会“百思不得其解”

生活中，我们都会有类似的体验：遇到某个难题，冥思苦想不得其解，花了几个小时仍一无所获。不过，暂时忘掉它休息一会儿，可能就会突然茅塞顿开，问题迎刃而解了。

很显然，这种把难题暂时放一放穿插一些其他事情的做法，使人们不会陷入某一种固定的思维模式，而且能够采取新的步骤，从而使问题更容易被解决。心理学上把这种现象叫做“酝酿效应”。

不仅是前面那些普通的被试者，就连一些伟大的科学家，在解决问题过程中，同样会运用到“把难题放在一边，放上一段时间，才能得到满意的答案”的“酝酿效应”。阿基米德发现浮力定律就是其中一个经典的故事。

在古希腊，国王让人做了一顶纯金的王冠，但他又怀疑工匠在王冠中掺了银子。于是将阿基米德找来，要他在不损坏王冠的条件下，想法测定出王冠是否掺了假。

阿基米德为了解决这个难题冥思苦想，尝试了很多想法，但都失败了。有一天他去洗澡，当他的身体在浴盆里沉下去的时候，就有一部分水从浴盆边溢出来；而且，他觉得入水愈深，体重就愈轻。他恍然大悟，然后便进宫去面见国王。

在国王面前，阿基米德将与王冠一样重的一块金子、一块银子和王冠，分别放在水盆里，只见金块排出的水量比银块排出的水量少，而王冠排出的水量比金块排出的水量多。阿基米德对国王说："王冠里确实掺了银子！"

国王不解，阿基米德解释说："一公斤的木头和一公斤的铁相比，木头的体积大。如果分别把它们放入水中，体积大的木头排出的水量比体积小的铁排出的水量多。可以将这个道理用在金子、银子和王冠上。因为金子的密度大，银子的密度小，故同样重量的金子和银子，必然是银子体积大于金子的体积，放入水中，金块排出的水量就比银块少。刚才王冠排出的水量比金子多，说明王冠的密度比金块密度小，从而证明王冠不是用纯金制造的。"

事情往往就是这样，当我们对一个难题束手无策时，思维就进入了"酝酿阶段"。当我们抛开面前的问题去做其他的事情时，突然某一刻，百思不得其解的答案却出现在我们面前。正如南宋诗人陆游那句脍炙人口的诗句所言："山重水复疑无路，柳暗花明又一村。"

劳逸结合，让你的灵感迸发

心理学家认为，人们在酝酿过程中，存在潜意识层面推理，储存在记忆里的相关信息是在潜意识里组合，而在穿插其他事情的时候突然找到答案，是因为个体消除了前期的心理紧张，忘记了个体前面不正确的、导致僵局的思路，从而具有了创造性的思维状态。

那么，遇到难题的时候，我们应学会劳逸结合，先把它放在一边，小憩一会儿或去喝杯茶，时隔几小时、几天，甚至更长时间之后再来解决它，往往能收到"踏破铁鞋无觅处，得来全不费工夫"的效果。

在化学界里，苯在1825年就被发现了，可是后几十年间，人们一直没有弄清它的结构。尽管很多证据都表明苯分子由6个碳原子和6个氢原子构成，结构是对称的，但大家怎么也想不出这些原子是如何排列、形成整个稳定的分子的。德国化学家凯库勒长期研究这一问题，但同样找不到答案。

1864年冬天的某个晚上，凯库勒在火炉边看书时，不知不觉进入半睡眠状态。他梦见一条蛇咬住了自己的尾巴，形成了旋转的环状。

他如同受了电击一样，突然惊醒。那晚他为这个假设的结果工作了整夜，这个环形结构被证实是苯的分子结构。

这是一个化学史上最著名的梦，苯分子结构的秘密也由此解开。

凯库勒在这个研究的过程中所运用的，正是我们所讲的酝酿效应。他自己也曾说过："当事情进行得不顺利时，我的心就想着别的事了。"没错，被难题卡住、怎么都想不通的时候，我们就应该想想别的事情，让大脑劳逸结合。

从心理学角度讲，人的这种酝酿来自想象，是人脑对于对象中隐含的整体性、次序性、和谐性的某种迅速而直接的洞察和领悟。长期不间歇地思考一个问题，会造成精神紧张，于是一时间什么都想不出来。然而，我们头脑中收集到的资料不会消极地储存在那里，一旦让大脑合理地休息，它就能按照一种我们所不知道的或很少意识到的方式进行加工和重组原来存储的那些资料，进而产生新的想法。也就是说，直觉可以引导我们绕过不可逾越的高山，曲径通幽，达到柳暗花明的境界。

所以，我们一定要明白，当对一个问题进行研究，在收集了充分的资料并且经过深入探索仍难以找到答案时，不应一条道跑到黑，而应做到劳逸结合，把对该问题的思考抛开，转而想别的事情，这样才会给新想法和好想法自然酝酿、成熟并迸发出来的机会。

MURPHY'S
LAW

第三章

职场行为定律

自信心定律：出色工作，先点亮心中的自信明灯

丢掉第6份工作引发的职场思考

“难道我真的一无是处，是个没用的人？”刚刚失去第6份工作的李磊（化名）想起3年来在工作中的点点滴滴，对自己彻底失去了信心。

他说，前几天刚被老板辞退，这已经是他毕业3年来的第6份工作了。他自己觉得，不自信是丢掉工作的主要原因。原来，1周前李磊到一家牙科诊所应聘，老板问他是什么学历，因为害怕老板嫌弃自己的学历低，李磊便谎称是本科学历，而实际上他是大专学历。本以为老板只是问问学历，没想到上班之后，老板天天要他拿出学历证书。再也瞒不过去的李磊只得向老板吐露了实情，结果第2天老板就以“为人不诚实”将他辞退了。

“一家私人诊所可能也不会太在乎学历，我毕业3年了，有实践经验，这对老板来说可能比学历更为重要。”李磊很后悔当初不自信，没有对老板说实话。

李磊的经历给我们带来了深刻的思考：职场上，自信心对于一个人很重要。要想老板看重你，首先要自己看重自己。

客观上来说，一个人有没有自信，来源于对自己能力的认识。充满自信就意味着对自己“信任”、欣赏和尊重，意味着对工作胸有成竹、很有把握。

未来学家弗里德曼在《世界是平的》一书中预言：“21世纪的核心竞争力是态度。”这就是在告诉我们，积极的心态是个人决胜未来最为

根本的心理资本，是纵横职场最核心的竞争力。

所谓的积极心态，自信心当然是非常重要的一部分。一个失去自信的人，就是在否定自我的价值，这时思维很容易走向极端，并把一个在别人看来不值一提的问题放大，甚至坚定地相信这就是阻碍自己进步的唯一障碍，自然就很难有出类拔萃的成就了。

事实上，工作中若能时刻保持一种积极向上的自信心态，即使遇到自己一时无法解决的困难，也会保持一种主动学习的精神，而这种内在的、自发的主动进取，往往会让我们把事情做得更好。

美国成功学院对1000名世界知名成功人士的研究结果表明，积极的心态决定了成功的85%！对比一下身边的人和事，我们不难发现，很多自信的人工作起来都非常积极、有把握，并且取得了出色的工作业绩；而那些总认为“我不行”、“做不了”、“我就这水平了”的人，尽管有过多年的工作经历，但工作始终没有什么起色。

所以，在职业生涯中，必须充满自信。自信心是源自内心深处、让你不断超越自己的强大力量，它会让你产生毫无畏惧、战无不胜的感觉，这将使你工作起来更加积极。

自信飞扬，做职场冠军

在工作中，我们常会遇到这样的情况：挫折袭来，有的人始终不能产生足够的自信心，从而一蹶不振；有的人却能在焦虑和绝望后迅速产生强大的自信心，从而拼劲十足地实现目标。

其实，产生这种差异并不完全是由先天因素决定的，往往是因为前者平时不注重自信心的树立；后者却懂得经过长期的自我训练，增强自信心。

无论从事什么职业，自信都能给人以勇气，使你敢于战胜工作中的一切困难。工作上，谁都愿意自己出类拔萃，这就要求我们必须挑战人生，要挑战就必须以充满自信为前提，如果我们连自信心都没有，能做好什么事呢？

大家都知道毛遂自荐的故事，正因为毛遂有极强的自信心，所以才敢向平原君推荐自己，并最终出色地完成了任务。

美国思想家爱默生说："自信是煤，成功就是熊熊燃烧的烈火。"对于成功人士来说，自信心是必不可少的。据说，今日资本集团总裁徐新当初之所以选择投资网易，正是因为网易创始人丁磊的自信。

丁磊毕业于电子科技大学，毕业后被分配到宁波市电信局。这是一份稳定的工作，但丁磊无法接受那里的工作模式和评价标准，自信的他从电信局辞职："这是我第一次开除自己。有没有勇气迈出这一步，将是人生成败的一个分水岭。"

因为自信，丁磊在两年内3次跳槽，最终在1997年决定自立门户。后来，丁磊和徐新在广州一家狭小的办公室见面。徐新主动问他一些问题："网易在行业内的情况怎么样？"

"我们会是第一。"丁磊毫不犹豫地这么回答。客观上讲，1999年初，网易刚向门户网站迈进，与新浪、搜狐相比，还只是一个刚刚崭露头角的小网站。

徐新当然知道当时的网易不是门户网的第一，但觉得丁磊很有上进心，而不是吹牛——是有实质的自信。"我觉得企业家有这种精神是很重要的，你有这么一个理想跟雄心去做行业排头兵。我投的就是你的这个自信。"

通过丁磊的经历，我们可以肯定地说：充分的自信是创立事业、成就价值的重要素质。

既然自信心如此重要，那么，我们要怎样做才能树立自信心呢？

首先，在平时的工作中要不断地学习，不断地提升自己。阿基米德说过："给我一个支点和一根足够长的杠杆，我就能撬动整个地球。"有如此的自信，那是因为他深入掌握科学的原理。关羽之所以敢独自一人去东吴赴会，是因为他深知自己的本领……正所谓“有了金刚钻，才敢揽瓷器活”。

其次，要有一定的耐心和毅力。有些事情不是一朝一夕就能做好的，需要我们持之以恒地努力。要用长远的目光看待目前遇到的困境，相信我们有能力去解决它，相信自己，最后的成功必定是我们的。

最后，不要总想着自己的缺点，要时刻告诉自己“我是最棒的”、“我是优秀的”。每个人都有缺点，完美无缺的人是不存在的，对自身的缺点不要念念不忘。要知道，别人往往并不那么在意你的缺点。要相信自己，相信自己是最棒的、最优秀的。

青蛙法则：居安思危，让你的职场永远精彩

生于忧患，死于安乐

19世纪末，美国康奈尔大学进行了一个有趣的实验：他们将一只青蛙扔进一个沸腾的大锅里，青蛙一接触到沸水，便立即触电般地跳到锅外，死里逃生。实验者又把这只青蛙丢进一个装满凉水的大锅，任其自由游动，然后用小火慢慢加热。随着温度慢慢升高，青蛙并没有跳出锅去，而是被活活煮死。

前面“蛙未死于沸水而灭顶于温水”的结局，很是耐人寻味。若是锅中之蛙能时刻保持警觉，在水温刚热之时迅速跃出，也为时不晚，就不至于落得被煮死的结局。这就让我们想起了孟子曾说过的一句话：“生于忧患，死于安乐。”

一个人如果丧失了忧患意识，那么，就会像被水煮的青蛙一样，在麻木中“死亡”。所以，在从初涉职场到工作干练的渐变过程中，我们

要保持清醒的头脑和敏锐的感知，对新变化做出快速的反应。不要贪图享受，安于现状，否则当你意识到环境已经使自己不得不有所行动的时候，你也许会发现，自己早已错过了行动的最佳时机，等待你的只是悲哀、遗憾和无法估计的损失。

漫漫职场路，我们都希望自己能一帆风顺，不希望遇到忧患与危机。但客观上讲，忧患与危机并不是什么可怕的魔鬼，当它们出现在我们面前时，往往能激发潜伏在我们生命深处的种种能力，并促使我们以非凡的意志做成平时不能做的大事。所以，与其在平庸中浑浑噩噩地生活，不如勇敢地承受外界的压力，过一种更有创造力的生活。

拿破仑在谈到他手下的一员大将马塞纳时曾说："平时，他的真面目是不会显现出来的，可当他在战场上看到遍地的伤兵和尸体时，那种潜伏在他体内的'狮性'就会在瞬间爆发，他打起仗来就会勇敢得像恶魔一样。"

再如拿破仑本人，如果年轻时没有经历过窘迫而绝望的生活，也就不可能造就他多谋刚毅的性格，他也就不会成为至今为人们所景仰的英雄人物。贫穷低微的出身、艰难困顿的生活、失望悲惨的境遇，不仅造就了拿破仑，还造就了历史上的许多伟人。例如，林肯若出生在一个富人家的庄园里，顺理成章地接受了大学教育，他也许永远不会成为美国总统，也永远不会成为历史上的伟人。正是有了那种与困境作斗争的经历，使他们的潜能得以完全爆发，从而发现自己的真正力量。而那些生活在安逸舒适中的人，他们往往不需要付出太多努力，也不需要个人奋斗就能达到目的，所以，潜伏在他们身上的能量就会被"遗忘"、"湮没"。

当今世界上，有许多人都把自己的成功归功于某种障碍或缺陷带来的困境。如果没有障碍或缺陷的刺激，也许他们只能挖掘出自己20%的才能，正因为有了这种强烈的刺激，他们另外80%的才能才得以发挥。

所以，身处今天快节奏、不断变幻的职场，我们要懂得居安思危。要知道，危机并不代表灭亡，而恰恰可能是一种契机。我们经由这些危机，往往会发现自己真正的价值所在，激发出深藏于心的巨大力量，从而使人生更加精彩。

在自危意识中前进

我们都知道，未来是不可预测的，人也不可能天天走好运。正因为这样，我们更要有危机意识，在心理上及实际行为上有所准备，以应付突如其来的变化。有了这种意识，或许不能让问题消弭，却可把损害降低，为自己打开生路。

常言道，一个国家如果没有危机意识，迟早会出问题；一个企业如果没有危机意识，迟早会垮掉；一个人如果没有危机意识，也肯定无法取得新的进步。

那么，我们具体该如何在竞争激烈的职场中提升自己的危机意识呢？下面，来看看闻名于世的波音公司的一个有趣做法。

波音公司以飞机制造闻名于世。为了提升员工的忧患意识，一次，公司别出心裁地摄制了一部模拟倒闭的电视片让员工观看：

在一个天空灰暗的日子，公司高高挂着“厂房出售”的招牌，扩音器传来“今天是波音公司时代的终结，波音公司关闭了最后一个车间”的通知，全体员工一个个垂头丧气地离开工厂……

这个电视片使员工受到了巨大震撼，强烈的危机感使员工们意识到：只有全身心投入生产和革新中，公司才能生存，否则，今天的模拟倒闭将成为明天无法避免的事实。

看完模拟电视片，员工们都以主人翁的姿态，努力工作，不断创新，使波音公司始终保持着强大的发展后劲。

事实上，波音公司的这种做法不仅对企业有深刻启示，对于行走职场的个人来说，同样具有一定的借鉴作用。

在工作中，我们也应该像波音公司的员工那样，时刻提醒自己：只有全身心投入生产和革新中，公司才能生存，我们才有机会发展，否则，终将难逃被淘汰的事实。

当今社会的快节奏和激烈的竞争，令很多人在35岁时遇到这样一个困惑：为什么多年来我一事无成？接下来的岁月我应该做些什么？在机会面前，许多人不敢贸然决定。因为他们从心理上理解了人生的有限，而自己也开始重新衡量事业和家庭生活的价值，于是产生了职业生涯危机。这就是著名的“35岁危机论”。

罗伯特先生35岁，自言感觉过去对工作、对自己的认识似乎有错误，而自己长期养成的行为习惯好像变成了事业的绊脚石。想改变自己，又不忍心否定过去；想改变生活方式，又担心选择的并不是最适合自己的。两年前，他终于下定决心放弃了某公司副经理的职位，参加MBA考试并重回校园深造。

现在，完成学业的罗伯特先生在找工作时却犯了难。罗伯特先生业已投出上百份简历，但有回音者寥寥无几。罗伯特先生说，自己并不要求高起点的薪金，而只要求一个管理类的工作职位。然而他发现，“社会上已经人满为患”。

罗伯特先生曾读过一篇题目为《35岁，你还会换工作吗》的文章，文中专家说：“社会对35岁以上的求职者提出了较高的要求，必须通过不断学习和更新知识，提高自身竞争力。”对此罗伯特先生很纳闷：我正是为了完善自己才去学习，为什么反而让社会把自己挤了出去呢？

其实，像罗伯特先生这种工作以后又重返课堂充电，充电后再找工作重新迎接社会的挑战，已不仅仅是35岁的人才会面临的境况。有人甚至感叹：“不充电是等死，怎么充了电变成找死啦？”

最关键的一点是：我们要明白，人生的经历是积累的，不要以为学习充电后就无须面临社会“物竞天择，适者生存”的自然选择。以前的经历是你的宝贵财富，但这并不能让你在职场上永操胜券。千万不要有一劳永逸的期待，要时刻保持危机意识，告诉自己“一定要快跑，不够优秀在什么时候都会被淘汰”。

鸟笼效应：埋头苦干要远离引人联想的“鸟笼”

远离让人欲罢不能的“鸟笼”，不让老板怀疑你

心理学家詹姆斯有天与好友卡尔森打赌，说：“我敢保证，不久后你会养一只小鸟！”卡尔森一听，觉得很荒唐，就笑着说：“你在开玩笑吧？我从来就没有过这种想法。”

几天后，卡尔森过生日，朋友们都来为他庆祝。詹姆斯也来了，还带了一只精致的鸟笼作为生日礼物。

卡尔森接过鸟笼，想起几天前詹姆斯说的话，就会意地笑笑说：“好你个詹姆斯，你还真想让我养鸟啊？可惜，最后你肯定会失望的。不过，还是要谢谢你的鸟笼，我很喜欢它。”说完便将鸟笼挂在了自己的书桌旁。

从此以后，来拜访卡尔森的客人，都会问他同一个问题：“教授，您养的鸟死了吗？”而且每位客人与他谈话的时候，都会提一些与鸟相关的话题，比如告诉他养鸟的知识，委婉地规劝他养鸟需要责任心和爱心，还有养鸟时的一些注意事项等。每当此时，卡尔森就一遍一遍地向客人解释——他从未养过鸟，不过客人们都不相信，反而认为他心理出现了问题。

卡尔森百口莫辩，有苦难言。想扔了这鸟笼，又不舍得，它那么漂

亮而且还是别人送的礼物；不扔这鸟笼，又惹出那么多恼人的猜测，莫须有的事端。想来想去，万般无奈之下，他只好沿着詹姆斯的预测走，买了一只鸟儿放在笼子里，这总比整天解释和被人误解好多了。

这就是著名的“鸟笼效应”，詹姆斯用他的心理学知识涮了好友一把。

其实，“鸟笼效应”在我们的生活、工作中会常常遇到。人们总是不自觉地在自己的心里先挂上一只“鸟笼”，再不由自主地往笼子里放“小鸟儿”。

人们大部分情况下很难亲眼看到事情的真相，所以很多事情，都会靠着常规思路进行推理。你认为努力工作的人就应该天天加班，而更多的人却觉得工作量正常还每天加班那就是为了占用公司的资源。如果你给同事、老板留下这样的印象，那你可就惨了。

刘季是从一家小公司转过来的。在小公司的时候，公司的老板每天都加班到很晚，所以作为老板得力助手的刘季自然也就养成了每天加班的习惯。到了新公司后，刚刚熟悉业务，为了能更好地胜任自己的工作，他依然坚持着每天加班到很晚的习惯。可是这家公司的风气与以前的小公司不同，这里的员工和老板没有加班的习惯。所以，同事们发现刘季每天加班到很晚后，都感到很奇怪。每天的工作量也不大，上班时间完全可以完成，为什么他还要每天加班到很晚呢？同事们开始议论纷纷。“他是不是为了给自己家省点电，或者省点网费？”“可能是为了晚上用公司的电话打私人电话。”“也有可能是利用公司的资源干私活。”……很快，老板也知道了这件事。他的第一直觉也是：这个人到底每天晚上加班到很晚是在搞什么“阴谋”？是不是为了占用公司的资源？通常情况下，在工作量正常的时候，依然每天加班到很晚，很容易让人联想到这些，老板也不例外。刘季发觉了同事的议论后，还不以为然，但当他知道老板也在怀疑他时，他就再也不敢加班了。

不要给老板怀疑你的机会，不要给同事议论你的可能。要学会遵循所在公司的“规则”，这样你的职场生活才会一帆风顺。

加班和加薪升迁没关系

职场规则：加班和加薪没关系。决定加薪的因素是你的能力。能力是最好的语言，业绩是最好的证明。只有具有扎实的本领，你才有发言权。否则无论你说再多，也是无用的。

职场，是用本领说话的地方。下面，我们来看一则关于本领的寓言：

有一次，在一场比赛上，鼯鼠夸耀说自己会很多本领。比赛开始了，最先比的是飞行。一声哨响，老鹰、燕子、鸽子一下就飞得没影了，鼯鼠扑腾着飞了几丈远就落了下来，着地时还没站稳，摔了个嘴啃泥。赛跑比赛，兔子得了第一后，躺在树下睡了一觉醒来，鼯鼠才跌跌撞撞地跑到终点。游泳比赛，鼯鼠游到一半就游不动了，大声喊起救命来，多亏了好心的乌龟把它驮回岸上。比赛爬树时，鼯鼠还没爬到树顶就抱着树枝不敢再爬，顽皮的猴子爬到树顶后摘了果子往它头上扔，明知道它不敢用手去接，还故意说请它吃水果。和穿山甲比赛打洞，穿山甲一会儿就钻进土里不见了，鼯鼠吃力地刨啊刨，半天才钻进半个身子。观众见它撅着屁股怎么也进不去，都哄笑起来。

在工作中，如果没有真才实学，即便终日卖力地加班，也会像鼯鼠一样遭到大家的嘲笑。我们说得再好听，吹嘘得再花哨，没有能力，没有业绩，无论在领导面前，还是在同事面前，甚至在下属面前，仍然很难挺起腰杆儿。

14 岁就到煤矿做工的斯蒂芬逊，在煤矿中从事的工作就是擦拭矿上抽水的蒸汽机。后来，他当上了煤矿的保管员，这使他有机会接触到更多的机器。

他感到，当时落后的运输工具已经不能适应正在迅速发展的煤矿业，于是他就想发明一种“强有力的运输工具”。

于是，他下决心努力学习文化。他都 17 岁了，却是个文盲，“既然基础等于零，那就从零开始吧！”他与启蒙的儿童一起在夜校的一年级就读。

为了更好地进行蒸汽机的研究，他步行了 1500 多里来到了蒸汽机发明者瓦特的家乡做了长达一年的工。他在工作之余，就对蒸汽机构造的原理进行钻研，并运用自己所学的知识，开始进行“强有力的运输工具”的发明。

他经过一番呕心沥血的钻研，在 1814 年造出了第一台蒸汽机车。但是试车却失败了，他受到了诽谤和责难。他并没有因此而灰心，继续研究并对其加以改进。他于 1825 年 9 月 27 日在英国斯多克敦至达林敦的铁路上，对世界上第一台客货运蒸汽机车“旅行号”进行了成功的试车。人们热烈地庆贺火车的诞生。他于 1829 年 10 月驾驶着新制的“火箭号”参加了在利物浦附近举行的一次火车功率大赛，并获取了胜利。

斯蒂芬逊成功了，多年的努力与坚持不懈，自己的能力和本领在不断的实践中提升、完善。他的经历让我们更加清楚地看到——用本领说话才是最有力的。无独有偶，下面故事中的马克亦是如此。

马克起初只是德国一家汽车公司下属的一个制造厂的杂工，他是在做好每一件小事中获得了成长，并在他 32 岁时成为该公司最年轻的总领班。

马克是在 20 岁时进入工厂的。工作一开始，他就对工厂的生产情形做了一次全盘的了解。他知道一部汽车由零件到装配出厂，大约要经过 13 个部门的合作，而每一个部门的工作性质都不相同。他主动要求从最基层的杂工做起。杂工不属于正式工人，也没有固定的工作场所，哪里有零活就要到哪里去。因为这项工作，马克才有机会和工厂的各部门接触，因此对各部门的工作性质有了初步的了解。在当了一年半的杂工之后，马克申请调到汽车椅垫部工作。不久，他就把制椅垫的手艺学会了。后来他又申请调到点焊部、车身部、喷漆部、车床部等部门去工作。在不到5年的时间里，他几乎把这个厂的各部门工作都做过了。最后，他又决定申请到装配线上去工作。马克的父亲对儿子的举动十分不解，他问马克："你工作已经5年了，总是做些焊接、刷漆、制造零件的小事，恐怕会耽误前途吧？"

马克笑着说，"我并不急于当某一部门的小工头。我以能胜任领导整个工厂为工作目标，所以必须花点时间了解整个工作流程。我正在用现有的时间做最有价值的利用，我要学的，不仅仅是一个汽车椅垫如何做，而是整辆汽车是如何制造的。"当马克确认自己已经具备管理者的素质时，他决定在装配线上崭露头角。马克在其他部门干过，懂得各种零件的制造情况，也能分辨零件的优劣，这为他的装配工作提供了不少便利。没有多久，他就成了装配线上最出色的人物。很快，他就晋升为领班，并逐步成为统管15位领班的总领班。如果一切顺利，他将在几年之内升到经理的职位。

故事中，马克说得很对，要"用现有的时间做最有价值的利用"，加班与否都不重要，那只是形式，真正能托起你业绩的，不是你工作多少个小时，而是你的能力有多强，是否强到以高效率完成应该完成的工作。这是实力，也是本领。

做任何事情，不下一番功夫，就不会有所收获。每个人都希望自己在职场上占据优势地位，都希望自己能够加薪升迁。然而，仅仅有这种上进的思想是远远不够的，因为理想与现实之间的距离需要努力去弥补。只有掌握了扎实的本领，才能在工作中游刃有余。

链状效应：想叹气时就微笑

离职场抱怨远一点

有些人心胸不够宽大，对一些事情总是放不开，喜欢怨天尤人。如果你总和这样的人在一起的话，那么久而久之，你也会变成一个爱抱怨的人。这就是链状效应。所以，如果你不想变成一个“唠叨鬼”、一个“抱怨精”的话，那么就离那些爱抱怨的人远一点。

在职场上，更是如此。如果有爱抱怨的同事，你千万要躲他远一些。因为你不能为他解决任何问题，听他抱怨除了自找麻烦外，只能让自己的心情也变得很糟。而你本人，也千万不要对你的同事抱怨，特别是工作上的事情。如果你抱怨多了，除了自失尊严外，还会让同事对你避之唯恐不及。谁也不希望别人的消极情绪影响自己的好心情，所以想抱怨的时候，就微笑；有同事向你抱怨的时候，就一笑而过。

身在职场，就应该懂得职场内部的一些规则。不要把自己糟糕的形象暴露在同事面前，这样只会让他们觉得你很无能。不要抱怨工作辛苦，不要抱怨自己多干了活，更不要抱怨老板苛刻。办公室就是用来办公的地方，不是用来让你诉苦的场所。心中的委屈，留着给密友说，或者干脆把它变成一种前进的动力，督促自己更加努力工作。化干戈为玉帛，化戾气为祥和。你也要化抱怨为动力，微笑面对自己的工作。

娄小明是公司刚从一家大企业挖来的人才。到公司后，很受部门领导的器重。他学识渊博、才思敏捷，让同事们也很佩服。有一次，总公司有一个出国深造的机会，让有资格去的人每人写份申请并附带一份深造计划交到总部。娄小明的部门只有他和张小军符合资格，于是他俩就提交了申请和计划。可是每个部门只有一个出国深造的名额，两个人的实力都很强，资格也都够，领导就开会讨论让谁去比较合适。最后，讨论的结果是让张小军去。这让娄小明很不甘心，自己一点也不比张小军差，如果有差别的话，就是张小军是老总的亲戚，而自己不是。于是，他一有机会就向同事抱怨这件事，抱怨公司的领导如何的不公正，自己的遭遇如何的令人气愤等等。他每次抱怨完都觉得心情很舒畅，而且认为同事们会和自己站在同一条战线上，替自己打抱不平。结果却不像他想的那样。张小军比他来公司的时间长，为人也很平易近人，与其他同事的关系都搞得不错。娄小明越是抱怨，同事们就越觉得张小军比娄小明的气量大，比他能担当。娄小明的抱怨直接地损害了自己的形象，却间接地提升了张小军的人气。而且知道张小军是老总的亲戚后，同事们更是对张小军敬畏三分，不敢轻易得罪。于是，同事们对待娄小明的态度越来越冷淡，再没人觉得他是什么人才。娄小明自己也发现了这一变化，细想后才发现，这都是自己爱抱怨惹的祸，把自己原来的光环和神秘全都打破了，还给同事留下一个心胸狭窄的印象，而自己不能出国的事实一点也没有改变。

怨天尤人，一点益处也没有。对你的工作不会有任何帮助，还会让别人看低你。所以，潜伏办公室，就要把自己消极的情绪锁起来，永远呈现出积极阳光、精明能干的一面，这才会赢得别人的尊重，领导的器重，工作的顺利。

耐心听你的抱怨，只是公司的假象

无论是老板还是同事，与你合作是希望你来解决问题，而不是听你抱怨。做好工作是你的本职，抱怨只能让人讨厌。如果你不能认识到这一点，你就离“死期”不远了。

“烦死了，烦死了！”一大早就听王宁不停地抱怨，一位同事皱皱眉头，不高兴地嘀咕着：“本来心情好好的，被你一吵也烦了。”王宁现在是公司的行政助理，事务繁杂，是有些烦，可谁叫她是公司的管家呢，事无巨细，不找她找谁？

其实，王宁性格开朗外向，工作起来认真负责。虽说牢骚满腹，该做的事情，一点也不曾怠慢。设备维护，办公用品购买，交通讯费，买机票，订客房……王宁整天忙得晕头转向，恨不得长出8只手来。再加上为人热情，中午懒得下楼吃饭的人还请她帮忙叫外卖。

刚交完电话费，财务部的小李来领胶水，王宁不高兴地说：“昨天不是刚来过吗？怎么就你事情多，今儿这个、明儿那个的？”抽屉开得噼里啪啦，翻出一个胶棒，往桌子上一扔，“以后东西一起领！”小李有些尴尬，又不好说什么，忙赔笑脸说：“你看你，每次找人家报销都叫亲爱的，一有点事求你，脸马上就长了。”

大家正笑着呢，销售部的王娜风风火火地冲进来，原来复印机卡纸了。王宁脸上立刻晴转多云，不耐烦地挥挥手：“知道了。烦死了！和你说一百遍了，先填保修单。”单子一甩，“填一下，我去看看。”王宁边往外走边嘟囔：“综合部的人都死光了，什么事情都找我！”对桌的小张气坏了：“这叫什么话啊？我招你惹你了？”

态度虽然不好，可整个公司的正常运转真是离不开王宁。虽然有时候被她抢白得下不来台，也没有人说什么。怎么说呢？她不是应该做的都尽心尽力做好了吗？可是，那些“讨厌”、“烦死了”、“不是说过了吗”……实在是让人不舒服。特别是同办公室的人，王宁一叫，他们头都大了。“拜托，你不知道什么叫情绪污染吗？”这是大家的一致反应。

年末的时候公司民意选举先进工作者，大家虽然都觉得这种活动老套可笑，暗地里却都希望自己能榜上有名。奖金倒是小事，谁不希望自己的工作得到肯定呢？领导们认为先进非王宁莫属，可一看投票，50 多份选票，王宁只得 12 张。

有人私下说："王宁是不错，就是嘴巴太厉害了。"

王宁很委屈："我累死累活的，却没有人体谅……"

抱怨的人不见得不善良，但常常不受欢迎。抱怨就像用烟头烫破一个气球一样，让别人和自己泄气。谁都恐惧牢骚满腹的人，怕自己也受到传染。抱怨除了让你丧失勇气和朋友，对解决问题也毫无帮助。其实，抱怨别人不如反思自己。

小王刚出来打工时，和公司其他的业务员一样，拿很低很低的底薪和很不稳定的提成，每天的工作都非常辛苦。当他拿着第一个月的工资回到家，向父亲抱怨说："公司老板太抠门了，给我们这么低的薪水。"慈祥的父亲并没有问具体薪水，而是问："这个月你为公司创造了多少财富？你拿到的与你给公司创造的是不是相称呢？"

从此，他再也没有抱怨过，既不抱怨别人，也不抱怨自己。更多的时候只是感觉自己这个月做的成绩太少，对不起公司给的工资，进而更加勤奋地工作。两年后，他被提升为公司主管业务的副总经理，工资待遇提高了很多，他时常考虑的仍然是"今年我为公司创造了多少"。

有一天，他手下的几个业务员向他抱怨："这个月在外面风吹日晒，吃不好，睡不好，辛辛苦苦，大老板才给我们 1500 元！你能不能跟大老板建议给增加一些。"他问业务员："我知道你们吃了不少苦，应该得到回报，可你们想过没有，你们这个月每人给公司只赚回了 2000 元，公司给了你们 1500 元，公司得到的并不比你们多。"

业务员都不再说话。以后的几个月，他手下的业务员成了全公司业绩最优秀的业务员，他也被老总提拔为常务副总经理，这时他才 27 岁。去人才市场招聘时，凡是抱怨以前的老板没有水平、给的待遇太低的人他一律不要。他说，持这种心态的人，不懂得反思自己，只会抱怨别人。

没有任何一家公司希望招进爱抱怨的员工，也没有任何一个人愿意同爱抱怨的人打交道。抱怨只能使人讨厌。即使别人看上去无动于衷，其实内心深处早已将抱怨的人列为不受欢迎的对象。作为职场人士，要想避免成为爱抱怨的人，就必须清醒地认识到下面这些现实：

（1）抱怨解决不了任何问题。分内的事情你可以逃过不做么？既然不管心情如何，工作迟早还是要做，那何苦叫别人心生芥蒂呢？太不聪明了。有发牢骚的工夫，还不如动脑筋想想：事情为什么会这样？我所面对的可恶现实与我所预期的愉快工作有多大的差距？怎样才能如愿以偿？

（2）发牢骚的人没人缘。没有人喜欢和一个絮絮叨叨、满腹牢骚的人在一起相处。再说，太多的牢骚只能证明你缺乏能力，无法解决问题，才会将一切不顺利归于种种客观因素。若是你的上司见你整天发牢骚，他恐怕会认为你做事太被动，不足以托付重任。

（3）冷语伤人。同事只是你的工作伙伴，而不是你的兄弟姐妹，就算你句句有理，谁愿意洗耳恭听你的指责？每个人都有貌似坚强实则脆弱的自尊心，凭什么对你的冷言冷语一再宽容？很多人会介意你的态度：“你以为你是谁？”何况很多人不会把你的好放在心上，一件事造成的摩擦就可能使你一无是处。小心翼翼都来不及，何况是恶语相加？

（4）重要的是行动。把所有不满意的事情罗列一下，看看是制度不够完善，还是管理存在漏洞。公司在运转过程中，不可能百分之百地没有问题。那么，快找出来，解决它。如果是职权范围之外的，最好与其他部门协调，或是上报公司领导。请相信，只要你有诚意，没有解决不了的问题。当然，如果你尽力了，还是无法力挽狂澜，那么也尽快停止抱怨吧，不妨换个工作。

MURPHY'S

LAW

第四章

人际关系学定律

投射效应：人心各不同，不要以己度人

为何会有“以小人之心，度君子之腹”的心结

宋代著名学者苏东坡和佛印和尚是好朋友，一天，苏东坡去拜访佛印，与佛印相对而坐，苏东坡对佛印开玩笑说：“我看你是一堆狗屎。”而佛印则微笑着说：“我看你是一尊金佛。”苏东坡觉得自己占了便宜，很是得意。回家以后，苏东坡得意地向妹妹提起这件事，苏小妹说：“哥哥你错了。佛家说‘佛心自现’，你看别人是什么，就表示你看自己是什么。”

也许你会一笑而过，但苏小妹的话确实是有道理的。

你可能要问苏小妹的话为何有道理。从心理学角度，她正好指出了人喜欢把自己的想法投射到他人身上的投射效应。俗语说的“以小人之心，度君子之腹”心结，讲的就是小人总喜欢用自己卑劣的心意去猜测品行高尚的人。

与之类似，曾有这样一个有趣的笑话：

一天晚上，在漆黑偏僻的公路上，一个年轻人的汽车抛了锚——汽车轮胎爆炸了。

年轻人下来翻遍了工具箱，也没有找到千斤顶。怎么办？这条路很长时间都不会有车子经过。他远远望见一座亮灯的房子，决定去那户人家借千斤顶。可是他又有许多担心，在路上，他不停地想：

“要是没有人来开门怎么办？”

“要是没有千斤顶怎么办？”

"要是那家伙有千斤顶，却不肯借给我，该怎么办？"

……

顺着这种思路想下去，他越想越生气。当走到那间房子前，敲开门，主人一出来，他冲着人家劈头就是一句："你那千斤顶有什么稀罕的！"

主人一下子被弄得丈二和尚摸不着头脑，以为来的是个精神病人，就"砰"的一声把门关上了。

笑声中我们不难发现，这个年轻人，错就错在把自己的想法投射到了主人的身上。

在人际交往中，认识和评价别人的时候，我们常常免不了要受自身特点的影响，我们总会不由自主地以自己的想法去推测别人的想法，觉得既然我们这么想，别人肯定也这么想。例如，贪婪的人，总是认为别人也都嗜钱如命；自己经常说谎，就认为别人也总是在骗自己；自己自我感觉良好，就认为别人也都认为自己很出色……

1974 年，心理学家希芬鲍尔曾做了这样一个实验：

他邀请一些大学生作为被试者，将他们分为两组。给其中一组学生放映喜剧电影，让他们心情愉快；而给另外一组学生放映恐怖电影，让他们产生害怕的情绪。然后，他又给这两组学生看相同的一组照片，让他们判断照片上人的面部表情。

结果，看了喜剧电影心情愉快的那组大学生判断照片上的人也是开心的表情，而看了恐怖电影心情紧张的那组大学生则判断照片上的人是紧张害怕的表情。

这个实验说明，被试的大部分学生将照片上人物的面部表情视为自己的情绪体验，即将自己的情绪投射到他人身上。

其实，投射效应的表现形式除了将自己的情况投射到别人身上外，还有另一种表现—感情投射。即对自己喜欢的人或事物越看越喜欢，越看优点越多；对自己不喜欢的人或事物越看越讨厌，越看缺点越多。这种情况多发生在恋爱期间，如在热恋时人们喜欢在周围人面前吹嘘自己的另一半如何完美无缺；一旦失恋，对对方的憎恨之情溢于言表，并言过其实。

所以，知道了投射效应在人际交往的过程中会造成我们对其他人的知觉失真，我们这就要在与人交往的过程中保持理性，避免受这种效应的不良影响。

辩证走出“投射效应”的误区

哲学上曾讲过，对任何事物我们都应辩证地去看。没错，投射效应也不例外。

一方面，这种效应会使我们拿自己的感受去揣度别人，缺少了人际沟通中认知的客观性，从而造成主观臆断并陷入偏见的深渊，这是需要我们克服的。

《庄子·天地》中记载了这样一个故事：

尧到华山视察，华封人祝他“长寿、富贵、多男子”，尧都辞谢了。华封人说：“寿、富、多男子，人之所欲也。汝独能不欲，何邪？”尧说：“多男子则多惧，富则多事，寿则多辱。是三者，非所以养德也，故辞。”

透过这个故事，我们发现，人的心理特征各不相同，即使是“富、寿”等基本的目标，也不能随意“投射”给任何人。

由于产生投射效应是主观意识在作祟，所以我们可以通过时刻保持理性，克服潜意识和惯性思维，让事物的发展规律还原它本来的面目，从而消除这种效应带来的不良影响。

首先，我们要客观地认清别人与自己的差异，不断完善自己，不能总是以己之心度人之腹。其次，我们要承认和尊重差异，多角度、全方位地去认识别人。最后，为了避免投射效应，我们需要学会换位思考，也就是设身处地地站在对方的立场上去看别人。与人交往时，如果我们能站在对方的立场上，为对方着想，理解对方的需要和情感，就能与他人进行很好的交流和沟通，也更容易达成谅解和共识。

另一方面，我们也不可否认，因为人性有相通之处，有时不同的人的确会产生相同的感受。那么，我们就可以利用一个人对别人的看法来推测这个人的真正意图或心理特征。正如钱钟书说"自传其实是他传，他传往往却是自转"，要了解某人，看他的自传，不如看他为别人做的传。因为作者恨不得化身千千万万来讲述不方便言及或者即便说了别人也不能相信的发生在作者身上的真实故事。

例如，你在帮公司招聘人员的时候，想了解求职者真实的应聘目的，就可以设计这样的问题：

你应聘本公司的主要原因是什么？

A. 工作轻松　　B. 有住房

C. 公司理念符合个人个性　　D. 有发展前途 E. 收入高

你认为跟你一起到本公司应聘的其他人的主要原因是什么？

A. 工作轻松　　B. 有住房

C. 公司理念符合个人个性　　D. 有发展前途 E. 收入高

显然，第一个题目并没有多大意义，大部分求职者都会选择 C 或 D；第二个题目，则可以考察求职者的心理投射，求职者一般会根据自己内心的真实想法来推测别人，其答案往往也就是求职者内心的想法。

那么，在干部谈话或招聘等过程中，我们就可以利用投射效应了解交际对象的态度和动机，为我们带来积极的意义。

所以，对待交际中的投射效应，我们要学会辩证地看待其影响，用理智避开它不利的一面，用智慧运用好它有利的一面。

互惠定律：你来我往，人情互惠

投桃报李，学会感恩

爱默生说过："人生最美丽的补偿之一，就是人们真诚地帮助别人之后，同时也帮助了自己。帮助别人也就是帮助你自己。"你送出什么就收回什么，你播种什么就收获什么。你帮助的愈多，你得到的也就愈多；而你愈吝啬，也就愈可能一无所得。"爱别人就是爱自己"，这句很经典的话，其实已说出了人际关系的"核心秘密"——你付出别人所需要的，他们也会给予你所需要的。

古语有云："投我以桃，报之以李。"对于别人的恩惠，我们不能无动于衷，而要以另一种好处来报答他人。

在第一次世界大战中，为了刺探对方敌情，各国专门培训了一批特种兵，其任务是深入敌后去抓俘虏回来审讯。

当时的战争是堑壕战，大队人马要想穿过两军对垒前沿的无人区是十分困难的，如果一个士兵悄悄爬过去，溜进敌人的战壕，相对来说就比较容易了。

有一个德军特种兵以前曾多次成功地完成这样的任务，这次他又接到任务出发了。他很熟练地穿过两军之间的地带，悄无声息地出现在敌军战壕中。

一个落单的士兵正在吃东西，毫无戒备，一下子就被德国兵缴了械。他手中还举着刚才正在吃的面包，这时，他本能地把一块面包递给对面突袭的敌人。

面前的德国兵忽然被这个举动打动了，他做出了不可思议的行为——他没有俘虏这个敌军士兵，而是将其放了，自己空着手回去，虽然他知道回去后上司会大发雷霆。

这个德国兵为什么这么容易就被一块面包打动呢？其实，人的心理是很微妙的，在得到别人的好处或好意后，就想要回报对方。虽然德国兵从对手那里得到的只是一块面包，或者他根本没有想要那块面包，但是他感受到了对方对他的一种善意。即使这善意中包含着一种恳求，但这毕竟是一种善意，是很自然地表达出来的，在一瞬间打动了他。他在心里觉得，无论如何不能把一个对自己好的人当俘虏抓回去，更别说要了这个人的命。

其实这个德国兵不知不觉地受到了心理学上互惠定律的左右。得到对方的恩惠就一定要报答的心理，是人类社会中根深蒂固的一个行为准则。

一位心理学教授做过一个小小的实验，证明了这个定律：

他在一群素不相识的人中随机抽样，给挑选出来的人寄去了圣诞卡片。但没有想到，大部分收到卡片的人都给他回寄了一张，而实际上他们都不认识他。

给他回赠卡片的人，根本就没有想过打听一下这个陌生的教授到底是谁，他们收到卡片，自动就回赠了一张。也许他们想，可能自己忘了这个教授是谁了，或者这个教授有什么原因才给自己寄卡片。不管怎样，自己不能欠人家的情，给人家回寄一张总是没有错的。

这个实验虽小，却证明了互惠定律的作用。当然，你也可以使用这个原理来提升自己的影响力。如果从别人那里得到了好处，我们应该回报对方；如果一个人帮了我们，我们也会帮他，或者给他送礼品，或请他吃饭；如果别人记住了我们的生日，并送我们礼品，我们对他也会这么做。

人与人的相处其实是很简单的，你想要别人把你当做朋友，那你必须先把别人当做朋友。

播种爱心，赢得朋友

中国历来讲究礼尚往来，这似乎也是人类行为不成文的规则。与人交往讲究互惠互利，双方需要保持利益平衡，如果利益平衡被打破，就会导致关系破裂。互相帮助，有来有往，用真心换取真心，这样才能使我们赢得更多的人心，也能使友谊更加稳固。

人与人之间的互动，就像坐跷跷板一样，要高低交替。一个永远不肯吃亏、不肯让步的人，即使真正得到好处，也是暂时的，他迟早要被别人讨厌和疏远。得到别人的好处或好意，及时回报，这能够表明自己是一个知恩图报的人，有利于相互交往的发展。

在不是很熟悉的朋友之间，你求别人办事，如果没有及时回报，下一次又求人家，就显得不太自然，因为人家会怀疑你是否有回报的意识，是否感激他对你的付出。如果对方突然有一件事反过来求你，你即使觉得不太好办的话，也难以拒绝。俗话说："受人一饭，听人使唤。"为了保持一定的自由，最好不要欠人情。当然，在关系很密切的朋友之间，就不一定要马上回报，那样反而可能显得生疏。但也不等于不回报，有机会的时候还是应该回报的。

在人生的旅途中，我们一直在播种，也许我们不经意的一次善意，就会获得意想不到的感激。当然，我们付出的时候并不是为了得到回报，可生活就是这样，有播种就会有收获，对我们来说也许只是绵薄之力，对需要帮助的人来说则可能会是新的人生起点。

在尼泊尔白雪覆盖的山路上，刺骨的寒气伴随着暴风雪，让人很难睁开双眼。有个男子走了很久，好不容易碰到一个旅行家，两个人自然而然地成了旅途上的同伴。半路上他们看到一个老人倒在雪地里，如果置之不理，老人一定会被冻死。“我们带他一起走吧，先生！请你帮帮忙。”男子提议。旅行家听了很生气地说：“这么大的风雪，咱们照顾自己都难，还顾得了谁呀！”说完便独自离去了。

这个男子只好背起老人继续往前走。不知过了多久，他全身被汗水浸湿，这股热气竟然温暖了老人冻僵的身体，老人慢慢恢复了知觉。两人将彼此的体温当成暖炉相互取暖，忘却了寒冷的天气。

“得救了，老爷爷，我们终于到了！”看到远处的村庄，男子高兴地对背上的老人说。当他们来到村口时，发现一群人聚在一起议论纷纷。男子挤进人群中一看，原来是有个男人僵硬地倒卧在雪地上。当他仔细观看尸首时，吓了一大跳——冻死在距离村子咫尺之遥的雪地上的男人，竟然就是当初为了自己活命而先行离开的那个旅行家。

行路的男子并不知道帮助老人会为自己赢得生机，他只是出于悲悯之心才背着老人行进的。救人一命，胜造七级浮屠，男子的善心不但救了老人的性命，更让自己成功走出困境，而旅行家则为他的自私付出了代价。

面对需要帮助的人，千万不要吝惜自己的爱心，善待他人，把你的爱心奉献出来。在你不经意地付出以后，也许会有意想不到的惊喜。播种你的爱心，让它在你的周围生根发芽，当你迎来硕果累累的金秋时，你就是拥有最多财富的富翁。

换位思考定律：将心比心，换位思考

己所不欲，勿施于人

曾经有位因不会与人交往而处处遭人白眼的年轻人，非常苦恼地去找智者，希望智者能告诉他与人交往的秘诀。结果，那智者只送了他4句话："把自己当成别人，把别人当成自己，把别人当成别人，把自己当成自己。"年轻人当时不明白，以为智者不想告诉他秘诀，所以随便说了几句来敷衍他。而智者却说："你回去吧，这就是秘诀。你会明白的。"后来，这位年轻人反复琢磨，经过实践后，终于明白了智者的话。与人交往的秘诀其实就是换位思考。

中国自古就有"己所不欲，勿施于人"的古训，而西方的《圣经》里也有这样的教诲："你们愿意别人怎样待你，你们就怎样对待别人。"人与人的交往，都是将心比心的。只有懂得为别人考虑的人，才能获得别人的真情。生活中，每个人所处的环境、地位、角色不同，所以每个人对同一个事物的想法也会有所不同，不要只从自己的立场出发来想事情，要懂得从别人的立场上看问题，这样你的观点才会更客观，你的胸怀才会更宽广，你的朋友才会更多，你的事业也会更成功。

这世上有很多争吵，都是因为我们不会从别人的立场上看问题而导致的。如果我们每个人都能站在别人的立场上为别人考虑，那么这个世界将变成爱的海洋，和谐美满的天堂。妻子总觉得丈夫不体贴，丈夫总觉得妻子不温柔；老师总觉得学生不听话，学生总觉得老师不讲道理；家长总觉得孩子不可救药，孩子则认为家长专治独裁；老板总认为员工爱偷懒，员工总觉得老板是吸血鬼……大家都只从自己的立场出发想问题，那将无法进行沟通和获得理解。

从前，有一个男人厌倦了天天忙碌的工作，每天回家看到妻子总是羡慕她的悠闲舒适。于是有一天，他向上帝祈祷，希望上帝把他变成女人，让他和妻子互换角色。结果，第二天祈祷灵验了：他变成妻子的模样，妻子变成了他的模样。他高兴极了，想这以后我就能享受美好的悠闲生活了。可还没等他想完，妻子就抗议道："你怎么还不去做早餐，我上班要迟到了。"于是，他赶紧起床去做早餐。做完早餐，又去叫孩子们起床，给孩子们穿衣服，喂早餐，装好午餐，送孩子们上学。回到家后，又开始打扫卫生，洗衣服，到超市买菜，准备晚餐……只一天，他就受不了了，太累了，比他上班还累。第二天一醒来，他就祷告，请求上帝再把他变回去。而上帝却对他说："把你变回去，可以。但是，要再等 10 个月，因为你昨天晚上怀孕了。"

这个有意思的故事，说的还是换位思考的问题。不要以为别人的工作就比你轻松，别人就比你活得容易。

每个人都有每个人的责任，每个人都有每个人的忧喜。只有设身处地为他人考虑，你才能真正地了解他的想法，理解他的行为。

换位思考是一种态度，更是一种品德。懂得换位思考的人，才值得别人尊敬。如果你不想别人剥夺你的生命，那就别当着别人的面抽烟；如果你不想别人啐你的脸，那你就不要随地吐痰；如果你不想别人用污秽的字眼说你，那你也不要随便辱骂别人；如果你不想自己被人瞧不起，那你也不要戴着"有色眼镜"看人。

总之，己所不欲，勿施于人，懂得站在别人的立场上考虑问题，希望别人怎么对你，你就怎么对别人。

设身处地为他人考虑

其实，设身处地为他人考虑，也是为自己考虑。在这个世界上，没有哪个人是不依赖他人而孤立存在的。社会就是人与人合作互助的结构，不懂得为他人考虑的人，也没有人会为你考虑。只想着自己，自私自利的人，以为没有吃亏，却也难有收获，而且还会失去很多，比如尊重、理解、爱戴、朋友，甚至更多。

曾经看过一个非常悲惨的故事，讲的正是不懂得设身处地为他人考虑而导致的悲剧。

一个参军的年轻人，由于在战场上误踩了地雷，致使他失去了一只胳膊和一条腿。他痛苦万分，但想到爱他的父母，他的心底又燃起了活下去的希望。可他现在这个样子，父母会如何看待他呢？他决定还是打个电话给父母，再做打算。于是，他拨通了父母家里的电话："爸爸，妈妈，我要回家了。但我想请你们帮我一个忙，我想带一位朋友回去。"父母听后，很高兴："当然可以，我们也很高兴能见到他。"年轻人接着说："但是这位朋友不是一般的人，他在这次战争中失去了一只胳膊和一条腿。他无处可去，我希望他能来我们家和我们一起生活。"年轻人这话一出口，电话中就传来父母的声音："我们很遗憾听到这件事，但是这样一个残疾人将会给我们带来沉重的负担，我们不能让这种事干扰我们的生活。我想你还是快点回家来，把这个人给忘掉，他自己会找到活路的。"听到这些，年轻人挂上了电话。几天后，他的父母接到了警察局的电话，说他的儿子从高楼上坠地而死，调查结果认定是自杀。当悲痛欲绝的父母，赶到陈尸间，看到儿子的尸体时，他们惊呆了：他们的儿子只剩一只胳膊和一条腿。

这就是只想到自己的结果。生活中，这样的悲剧还有很多。灾难发生在别人身上是故事，发生在自己身上才是事故。而这世界是公平的，风水轮流转，那发生在别人身上的不幸，也可能发生在自己身上。你怎么对待别人的，别人就会怎么对待你。所以，要处处为别人考虑。

在别人有难时，不要幸灾乐祸，而是想着帮助别人。无论何时都要为别人考虑，这样你的人生会不断地发现惊喜。

圣诞节那天，妈妈带着女儿在街上玩。妈妈一个劲地说："宝贝，你看多美啊！"可女儿却回答："我什么美也看不到！"妈妈很生气："你看那漂亮的五彩灯、圣诞树，还有琳琅满目的各式礼品，你怎么会看不到呢？"女儿很委屈："可我真的什么也没有看到。"这时，女儿的鞋带开了，妈妈蹲下来为她系鞋带。就在这时，妈妈发现她蹲下来的时候，除了前方一个女人的格子裙以外，什么也看不到。原来，那些东西都放得太高了。

所以，当别人给的答案不是你想要的时候，要想想为什么会这样。真正设身处地为他人着想，是每个人都应该明白的道理和应该学习的人生法则。

古德曼定律：没有沉默，就没有沟通

沉默是金

沉默是一种力量，是一种态度，是一种智慧。沉默不是一语不发的怯懦，而是鼓励他人畅谈的谦虚；沉默不是脑中空空的愚蠢，而是为自己积蓄力量的隐忍；沉默不是理屈词穷的失败，而是不屑一顾的威严；沉默不是任人摆布的屈从，而是待时而动的冷静。古语云：沉默是金。正说明了沉默的价值，沉默的可贵。如果两个人在交谈，没有一方的沉默，那肯定是进行不下去的。这个世界需要呼唤的声音，更需要沉默的安静。

总爱夸夸其谈的人，不一定有真本事。平时沉默不语的人，不一定没有出息。

春秋五霸之一的楚庄王，在继位的前三年，从未发过一道法令。他手下的大臣都看不下去了，但又不敢明着问他。因为他有令：“敢谏者杀无赦！”但大夫伍举聪明，变个方法问道：“一只大鸟落在山上三年，不飞不叫，沉默无声，这是为什么？”楚庄王也是个聪明人，一听就明白了伍举的意思，答道：“这只鸟三年不展翅，是为了让翅膀长大；三年不发声，是为了观察、思考和准备。虽然三年不飞，但一飞必定冲天；虽然三年不叫，但一叫势必惊人！”果然，在第四年，楚庄王共发布九条法令，废除了十项措施，处死了五个贪官，选拔了六个进士。待机而动，一举成功。

沉默不是无所事事，而是想一招制敌。这是力量的积累，是时机的等待。

每年高考都会冒出不少“黑马”，那些平时看起来不怎么出众的学生，却能“金榜题名”；而那些平时出尽风头，看起来大有希望的学生，却往往“名落孙山”。那些平时看起来默默无闻的学生，其实就是在一点一滴地积累力量，他们“不鸣则已，一鸣惊人”！越王勾践卧薪尝胆，任劳任怨，最终却一举歼灭了强大的吴国。这里的沉默，就是在等待时机。所以，真正有大志向的人，往往是看起来比较沉默的人。不语则已，语必惊人。

适时的沉默，会让你获得很多。

大发明家爱迪生，一生发明了3000多件物品。有一次，他想卖掉自己的一项发明，来建一个实验室。但由于他不太熟悉市场行情，不知道自己的发明值多少钱，该向购买者开多高的价位。于是，他便与妻子商量。妻子也不懂行情，但她觉得肯定值不少钱，起码也应该要高些。便对爱迪生说："你就要两万美元吧。"爱迪生听了，心想："两万美元，怎么可能呢？"第二天，一个商人上门来找爱迪生，并表示出对那项发明的浓厚兴趣，希望爱迪生能卖给他。商人让爱迪生出个价，爱迪生为难了，说多少好呢，他自己也不知道，所以他就沉默不语。商人一再地问他，他却坚持一言不发。最后，商人终于按捺不住了，就说："我先出个价吧。您看10万美元，怎么样？"爱迪生一听，喜出望外，立马同意了这笔交易。

所以说，沉默是金。沉默是在积蓄力量，是在等待时机，更是一种威严和智慧，一种冷静和沉着。

俗话说，"祸从口出""言多必失"。该沉默的时候，就要懂得沉默。买东西的时候，讨价还价，你千万不要先开口出价，要像爱迪生一样，等着别人出价。在谈判的时候，也是一样。不要先露出把柄，贸然行动，而是先观察、思考、准备，向楚庄王一样，不鸣则已，一鸣惊人！但沉默不是一直无言，而是适时沉默，该出口的时候，还是要出口的。不然，你就真的要"在沉默中灭亡"了！

善于倾听

沟通是需要说出来和听进去的，双方缺一不可。说出来是一种交流，听进去是一种领会。这个世界需要说出来的勇气，更需要听进去的耐心。

懂得倾听，是一种能力，更是一种品德。倾听是一种沉默，更是一种付出。认真地听别人讲话，是一种尊重，更是一种修养。很多人知道高谈阔论的魅力，却忽视了倾听的力量。科学家曾经对一批推销员进行过追踪调查，调查的对象分为业绩最好和业绩最差两类。经过调查，科学家发现，他们的业绩之所以有这么大的差别，不是因为说得好坏，而是因为听得多少。那些业绩最好的推销员，每次推销的时候平均只说 12 分钟话，而那些最差的平均却要说上 30 分钟。说得多，就听得少，听得少，就不容易对顾客有透彻的了解，而且说得多，还容易使顾客厌烦。而听得多则相反，不仅会对顾客有个清晰的了解，知道顾客最需要什么，而且还会使顾客觉得贴心。所以说，懂得倾听，是一种智慧。

一个好的谈话节目主持人，是一个好的倾听者；一个好的领导，也是一个好的倾听者；一个好的朋友，更是一个好的倾听者。倾听，让对方满足，让自己受益。懂得倾听，才能使说话更有效。在社交过程中，懂得倾听是一种很吸引人的品质。如果你是一个善于倾听的人，你的身边总会围绕着很多愿意与你交往的人。善于倾听，才能更好地沟通。如果双方各抒己见，都不把对方的观点听到心里去，那么最终只能是以争吵而收场。真正愉快的沟通，是互相倾听；真正的朋友，就是能够与你沟通的人，这个沟通指的就是能够互相倾听。只有能够互相倾听，才能互相理解，彼此知心。作为领导，更要具备善于倾听的能力。听到不同的声音，才能不断地改进。官员要听到百姓的疾苦，老板要听到员工的意见，老师要听到学生的要求，家长要听到孩子的心声。在很多时候，听比说更重要。

很久以前，有个不知名的小国想刁难一下它的邻国，因为它的邻国太大太强，让这个小国感到威胁。有一天，这个小国的使者带着三个一模一样的金人，来向大国进贡。大国的国王，看着这几个金人，心里非常高兴。但是，没想到那个小国的使者，竟向国王出了个难题："请问陛下，您说这三个金人哪个最有价值？"国王一下答不上来了，但国王不能说自己不知道，这样会失了尊严。于是，他想了很多办法，请金匠来看做工，称重量，验材质，但无论如何查，得出的结果都是：

这三个金人价值都一样。正在国王急得火烧眉毛的时候，一位已告老还乡的老臣来到王宫的大殿上说他知道如何区分。国王十分高兴，把小国的使者也请到了大殿上。这时，只见老臣从袖子里拿出三根稻草，一根一根地分别插入三个金人的耳朵里。结果发现：第一个金人的稻草从另一边耳朵里掉了出来，第二个金人的稻草从嘴巴里掉了出来，而第三个金人的稻草掉进了肚子，再也没有出来。于是，老臣对使者和国王说："第三个金人最有价值。"使者这时也不得不承认，老臣的答案是正确的。

为什么第三个金人最有价值呢？因为它懂得倾听，善于倾听。人长了一张嘴两只耳朵，就是要让我们多听少说。善于倾听，是社交中一种非常有用的技能，是领导者必须具备的能力，是每个人都应该拥有的美德。

MURPHY'S
LAW

第五章

经济学定律

公地悲剧：都是“公共”惹的祸

为什么“公共”会惹祸

红红的樱桃不仅样子可爱，而且味道鲜美、营养丰富，自然成了不少人的喜爱之物。婺州公园的樱桃一熟，就被大家“追捧”。有人称：“今天早上和家人一起到公园玩，发现那里的一片樱桃熟了，很多人都在摘。有折树枝的，有爬上树的，还有人竟然搬来梯子，一起动手，可热闹了。看了半天都弄不懂了，这样子怎么就没人管呢？是不是谁都可以摘啊？”

和所有水果一样，樱桃有着一个自然的成熟周期。还没成熟的时候，它们味道很酸，但随着时间的推移，樱桃的含糖量提高了，吃起来也就可口了。专门种植樱桃的农户到了收获时节才采摘樱桃，所以，超市里的樱桃都是到了成熟期才上架的。然而，长在公园里的樱桃，总是在尚未成熟、味道还酸的时候就被人摘下吃了。如果人们能等久点再采摘，樱桃的味道会更好。可为什么人们等不得呢？

这是因为，公园的樱桃是一种公共物品。人们知道，对公共物品而言，你不从中获得收益，他人也会从中获得收益，最后损失的是大家的利益。所以人们只期望从公共物品中捞取收益，但是没有人关心公共物品本身的结果。正因为如此，才最终酿成“公地悲剧”。

“公地悲剧”最初由英国人哈定于 1968 年提出，因此“公地悲剧”也被称为哈定悲剧。哈定说：“在共享公有物的社会中，每个人，也就是所有人都追求各自的最大利益，这就是悲剧的所在。每个人都被锁定在一个迫使他在有限范围内无节制地增加牲畜的制度中，毁灭是所有人都奔向的目的地。因为在信奉公有物自由的社会当中，每个人均追求自己的最大利益。公有物自由给所有人带来了毁灭。”他提出了一个“公地悲剧”的模型。

一群牧民在共同的一块公共草场放牧。其中，有一个牧民想多养一头牛，因为多养一头牛增加的收益大于其成本，是有利润的。虽然他明知草场上牛的数量已经太多了，再增加牛的数目，将使草场的质量下降。但对他自己来说，增加一头牛是有利的，因为草场退化的代价可以由大家负担。于是，他增加了一头牛。当然，其他的牧民都认识到了这一点，都增加了一头牛。人人都增加了一头牛，整个牧场多了N头牛，结果过度放牧导致草场退化。于是，牛群数目开始大量减少。所有聪明牧民的如意算盘都落空了，大家都受到了严重的损失。

可见，“公地悲剧”展现的是一幅私人利用免费午餐时的狼狈景象——无休止地掠夺，“悲剧”的意义，也就在于此。

走出“公地悲剧”的漩涡

现实生活中，公地悲剧多发生在人们对公共产品或无主产权物品的无序开发及破坏上，如近海过度捕鱼造成近海生态系统严重退化等。

英国解决这种悲剧的办法是“圈地运动”。一些贵族通过暴力手段非法获得土地，开始用围栏将公共用地圈起来，据为已有，这就是我们历史书中学到的臭名昭著的“圈地运动”。但是由于土地产权的确立，土地由公地变为私人领地的同时，拥有者对土地的管理更高效了，为了长远利益，土地所有者会尽力保持草场的质量。同时，土地兼并后以户为单位的生产单元演化为大规模流水线生产，劳动效率大为提高。英国正是从“圈地运动”开始，逐渐发展为日不落帝国。

土地属于公有产权，零成本使用，而且排斥他人使用的成本很高，这样就导致了“牧民”的过度放牧。我们当然不能再采用简单的“圈地运动”来解决“公地悲剧”，我们可以将“公地”作为公共财产保留，但准许进入，这种准许可以以多种方式来进行。比如有两家石油或天然气生产商的油井钻到了同一片地下油田，两家都有提高自己的开采速度、抢先夺取更大份额的激励。如果两家都这么做，过度开采会减少他们可以从这片油田收获的利益。在实践中，两家都意识到了这个问题，达成了分享产量的协议，使从一片油田的所有油井开采出来的总数量保持在适当的水平，这样才能达到双赢的目的。

有人可能会说，避免“公地悲剧”的发生，就必须不断减少“公地”。但是，让“公地”完全消失是不可能的。“公地”依然存在，这就要求政府制定严格的制度，将管理的责任落实到具体的人，这样，在“公地”里过度“放牧”的人才会收敛自己的行为，才会在政府干预下合理“放牧”。

在市场经济中，政府规定和市场机制两者有机结合，才能更好地解决经济发展中的“公地悲剧”。

定律链接：从“公地悲剧”到“反公地悲剧”

1998 年，迈克尔·赫勒在《哈佛法律评论》上发表《反公地悲剧：从马克思到市场转型中的产权》一文，正式提出“反公地悲剧”的理论模型。他认为，生态学家加勒特·哈定之前创造的“公地悲剧”虽然很好地说明了公共资源被过度利用的恶果，但他却忽视了资源未被充分利用（或称“使用不足”）的可能性，而这导致的资源浪费、效率低下、收益减少的情况更为严重。于是，便提出了“反公地悲剧”。

2003 年，复旦大学中国社会主义市场经济研究中心报道了新加坡南洋理工大学应用经济学系主任陈抗博士题为“从公地悲剧到反公地悲剧”的学术讲座。陈博士在讲座中也清晰地解释了“公地悲剧”和

"反公地悲剧"的概念。当资源或财产被许多人拥有时，这些拥有者每一个人都有权使用资源，但没有人有权阻止他人使用，于是便导致资源的过度使用。这就是"公地悲剧"。例如，现实中的草地的过度放牧、海洋资源的过度捕捞、空气的严重污染等。与之相反，当资源或财产被许多人拥有时，这些拥有者每一个人都有权阻止其他人使用资源，但没有人拥有有效的使用权，资源或财产的使用效率和收益就会大大降低，甚至出现资源浪费。这就是"反公地悲剧"。如某些发明所导致的专利问题，由于专利权利太多，使后面的研发难以为继。

总之，一味地困守于资源或财产的完全"公共"或完全"反公共"，都会导致相应的悲剧。我们只有懂得采取相应的措施，有效平衡资源或财产的"共有"和"私有"，才能从根本上避免悲剧的发生。

马太效应：富者越来越富，穷者越来越穷

学会让自己的收益增值

假如你手里有一张足够大的白纸，请你把它折叠 51 次。想象一下，它会有多高？1 米？2 米？其实，这个厚度超过了地球和太阳之间的距离！财富与之类似，不用心去投资，它不过是将 51 张白纸简单叠在一起而已；但我们用心智去规划投资，它就像被不断折叠 51 次的那张白纸，越积越高，高到超乎我们的想象。

其实，根据马太效应，我们的收益是具有倍增效应的。你的收益越高，就越有机会获得更高的收益。

一位著名的成功学讲师应邀去某培训中心演讲，双方商定讲师的酬金是 300 美元。在那个时候，这笔数目并不算少。

这是一场规模盛大的演讲会，参加的人员很多。这位讲师的演讲非常成功，受到了大家的热烈欢迎。同时，他也因此结交了更多的成功学人士，感觉受益匪浅。

演讲结束后，他谢绝了培训中心给他的报酬，高兴地说："在这几天中，我的受益绝不是这几百美元所能买到的，我得到的东西，早已远远超出了报酬的价值。"

培训中心的领导很受感动，把这个讲师拒收酬金的事告诉了培训中心的所有学员。他说："这个讲师能够深深体会到他在其他方面的收获远远大于他的酬金，这说明了他对成功学的研究达到了很高水平，像他这样的讲师，才称得上是真正意义上的成功学大师，因为他已经深刻领会了成功的要素和成功的意义，那么他宣传的成功学一定很具实用性，也是可行的。阅读他所著的成功学书籍，一定会得到真实的成功启迪。"

于是，培训中心的学员们纷纷购买了讲师所著的成功学书籍和录像带等产品。

后来，培训中心又把这个讲师拒收酬金的事，写成激励短文挂在培训中心的阅览室里，参加培训的各期学员也都纷纷购买他的书籍和产品，使他的书籍再版了几次，总数超过了百万册。这样，仅在售书方面，讲师的收入就不是一个小数目了。

通过这个故事，我们不难发现，领悟了马太效应，对于我们获得更高的收益非常重要。

现实生活中，人人都希望自己富裕起来。那么，我们不能只看眼前的既得利益，应该把目光放得更远一些，看到马太效应的增值效果，让眼前的收益不断增值。这就好比前面将一张纸折叠 51 次那样，通过不断累加，你的收益便会越来越多。

定律链接：投资，让金钱流动起来

据《犹太人五千年智慧》记载：

在古代的巴比伦城里，有位名叫亚凯德的犹太人，因为金钱太多闻名遐迩，而使他成为一位知名之士的另一原因，就是他慷慨好施，对慈善捐款毫不吝啬；他对家人宽大为怀，自己用钱也很大度。可是，他每年的收入仍大大超过支出。

有一些童年时代的老朋友常来看他，他们说："亚凯德，你比我们幸运多啦。我们大伙勉强糊口的时候，你已成为巴比伦的第一富翁，你能穿着最精致的服装，享用最珍贵的食物。如果我们能让家人穿着可以见人的衣服，吃着可口的食品，我们就心满意足了。

"然而，幼年时代，我们大家都是平等的，我们都向同一老师求学，我们玩相同的游戏，那时无论在读书方面或在游戏方面，你都和我们一样，毫无才华出众之处。幼年时代过去以后，你依然和我们一样，大家都是同等的诚实公民，然而现在，你成了亿万富翁，我们却终日不得不为了家人的温饱而四处奔走。

"根据我们的观察，你并不比我们辛苦，你做工的忠实程度也未超过我们。那么，为什么多变的命运之神偏偏让你享尽一切荣华富贵，却不给我们丝毫的福气呢？"

亚凯德于是规劝他们说道："童年以后，你们之所以没有得到优裕的生活，是因为要么你们没有学到发财原则，要么没有实行发财原则。你们忘记了：财富好像一棵大树，它是从一粒小小的种子发育而成的。金钱就是种子，你越勤奋栽培，它就长得越快。"

钱是可以生钱的，你只有懂得了马太效应，大胆地使用你的金钱去投资，才能成为一个真正富有的人。

布拉德和克里斯是一对非常要好的同学，他们毕业后到同一家公司上班，在公司里担任的职位、领取的薪水也都一样。此外，两个人都非常节俭，因此每个人每年都能攒下一笔钱。

但是，两人的理财方式完全不同。布拉德将每年攒下来的钱存入银行，而克里斯则把攒下来的钱分散地投资于股票。两人还有一个共同的特点，那就是都不爱管钱，钱放到银行或股市之后，两人就再也没去管过它们了。

如此这般过了40年，克里斯成为拥有数百万美元的富翁，而布拉德存折上却只有区区十几万。

布拉德亲眼看着昔日的同学兼同事，40年来薪水收入相同，节俭程度相同，而克里斯却能成为百万富翁，反观一下自己，40年下来只有十几万。理财方式的不同造成了如今如此之大的差距。

投资决定收入。一般来说，每一次正确的投资，都是在助长现金流动，一段时间之后，现金流动会带着更多的金钱回来。乔·史派勒曾写过这样一本书，叫《动手来种钱》。他在书中提到一个只剩下1美分的人，这个人开始用仅有的1美分进行投资，他先将钱兑换成铜币，他心里告诉自己每次花掉的钱，他都要以10倍或更多倍的数量使它们再回到自己手上。这个人最后依靠这种方法获得了更多的财富，最终成了一个富翁。

所以，让金钱流动起来，它就是你的摇钱树！

拉动效应：经济在于“拉动”

不能高估政府投资的拉动效应

随着政府投资拉动的效应持续减弱，及对社会预期的刺激力度也逐级削减，转型将逐步成为最关键的社会焦点。与此相关的市场预期，将直接决定市场的格局走向。

1. 政府投资拉动效应减弱

从长期来看，无论是国内还是国外，宽松政策和大量政府财政投资对经济的拉动效应都将逐步减弱。

对于国外而言，由于财政空间的限制及宽松流动性的效应递减（比如欧洲央行释放资金购买债券，甚至仍不能抵挡商价和股市的节节下跌），政府投资的空间及影响力都不可能再起到明显作用。

对于国内而言，压缩和规范地方融资平台，都对直接针对市场的投资拉动预期起到打击作用。从最根本上说，这往往意味着管理层的经济政策思路发生了根本变化，即其已经开始出现基本认知到单一投资拉动模式的缺陷，并出现了较为明显的转向。

因此，无论从政府主观意愿上，还是政策的客观效果上来看，政府投资拉动效应逐步减弱是一个必然趋势。

2. 市场认同感减弱

第二个关键问题是，市场的认同感也在削弱，投资的不可持续性广受认同，这又反过来大大弱化和缩减了投资政策的效果。

对市场心理来说，随着投资拉动不可持续性的认同感日趋强烈，资金投放和资金放松未必能够获得市场的足够认同，反而可能会加大市场的担忧。最重要的是，这样会引发投资的带动效应减弱，主要是对社会消费和民间投资的拉动效果会越来越有限，市场的反应也会受到冲击和影响。

3. 转型是社会关注的焦点

实际上，目前市场更关注的不是现在的经济数据和经济发展现状，而是中国经济能否成功地迈入一条持续增长之路。机构和基金不认同的也并非仅仅是目前的经济数据有问题，而是对更长期的前景感到迷茫和不确定。

因此，在这种背景下经济体制的转型就必然越来越受到市场关注，唯有如此才能真正启动经济的发展。投资效应的衰减将导致市场对转型认知从朦胧到逐渐明晰，并最终确认这才是反转整个市场格局的关键。

高速铁路带动沿线新投资

湖北咸宁经济开发区，一个仅有12平方公里的地方，却有着60多个投资项目在红红火火地开展着。这是为什么呢？为什么这样一个小地方会有如此的魅力，吸引了那么多投资者的目光呢？原因很简单，用当地一位领导的话来说就是，“正是由于武广高铁，一大批广州客商都在咸宁投资，现在整个开发区70%以上都是外来投资者建设的”。

原来如此，可是高速铁路真的有如此大的影响力吗？事实上，在武广高铁尚未开通运营时，广州与武汉就已经开始研究并制定了促进产业转移的政策措施，首批项目24个，总投资117.6亿元。中铁第四勘察设计院总工程师王玉泽说，未来3～5年，通过高速铁路，武汉将建成一个辐射全国的大都市圈，以武汉为中心，5小时内可到达的城市，几乎囊括了大半个中国。王总工程师夸大其词了吗？非也。

如今，我们放眼中国的南部，车马未动，粮草先行，粤港澳正向内陆腹地加紧产业转移，长株潭正加速融入珠三角经济圈，武汉城市圈的影响力也正沿江入海，一条“武广高铁经济带”已初具雏形。随着多条高速铁路客运专线开通运营，有了铁路来实现客货分线，货运能力必然会得到极大的释放。这将有效缓解铁路对煤炭、石油、粮食等重点物资运输的瓶颈制约，提高货主的请车满足率，有效提高全国铁路网的整体运输能力，也有利于以更节能环保的方式降低整个社会的物流成本。

此外，个人异地投资者也开始紧盯高铁风向标。的确如此，我们可以想象一下，当我们到达另一座城市的时间比横穿我们所在城市的时间还要短，且所耗费成本更低时，我们自然会考虑异地投资。

现在，是否有高速铁路通达，已经成为异地投资者投资的重要考量指标之一，一些高铁沿线城市的经济联系与文化合作逐渐被重新定位，其区域经济格局也逐渐被改写。

定律链接：节会品牌的九大拉动效应

举办大型节会活动，打造强势节会品牌，也成了众多城市拉动经济发展一大重要举措。通过分析我们很快发现，成功的大型节会品牌，至少会对城市的经济发展产生以下九大拉动效应。

1. 开放拉动效应

经济全球化、社会信息化的浪潮汹涌澎湃，知识经济时代、注意力经济时代扑面而来，在此背景下，注意力成为知识经济时代稀缺的资源、信息化社会的无形资产和市场经济宝贵的资本。世界经济乃至世界城市的竞争，正在演变为争夺眼球、争夺注意力的竞争。大型节会活动的举办，必将引起全球的瞩目。达沃斯和博鳌就是鲜活的例证。如世界经济论坛年会会址达沃斯，本是瑞士穷乡僻壤的一个小镇，而现在早已成为全世界注意力的中心。每年的年会，世界各地无不关注这里。我国海南省琼海市的小岛博鳌，也因为亚洲论坛首届年会的举办而成名天下。

2. 形象拉动效应

在世界城市空心化的巨大压力下，城市向何处去，成为一大影响世界城市乃至全球经济社会发展的严峻挑战。研究和推进世界城市的进一步繁荣与发展，这是一项迫在眉睫的战略课题，同时也是一项光荣而艰巨的历史使命。世界城市要想建立起自己的对话与协商机制，发出宏大的声音，迈出威武雄壮的步伐，从而抓住经济全球化带来的机遇，促进世界城市战胜困难、持续发展，必须要有一个良好的载体。大型节会活动的成功举办，将吸引来大批政界名流、知名企业、商界巨子和学术精英。通过节会的举办，为城市之间提供了一个相互探讨、协调立场、促进合作的平台。

3. 会展拉动效应

会展经济已成为世界经济新的增长点，世界许多发达城市已步入后会展经济时代。会展业的发展水平已成为衡量世界城市发达程度的重要标志，会展业的竞争力已成为世界城市的核心竞争力。据权威专家分析，节会经济作为会展经济高度升级的产物，正在成为后会展业时代世界城市发展的新宠。如世界经济论坛第30届年会，举办大大小小的各类会议300多场，极大地拉动了会展经济的发展。

4. 旅游拉动效应

旅游业是当今世界第一大产业，大力发展旅游产业已是世界各国的共识。举目环顾世界名城无一不是旅游名城。强势节会品牌的打造，带来的永久效应便是旅游朝阳产业的蓬勃发展。大型节会活动特别是国际性活动的成功举办，在世界瞩目和关注之下，伴随世界各路精英聚会城市，前来城市旅游休闲的国内外游客必将成倍增长，城市旅游业将实现空前的繁荣，其增长速度和发展水平将远远超出其现有发展水平，一些具备条件的国际性城市不但将成为中国旅游的明珠，也将因此而成为世界旅游的明珠。

5. 投资拉动效应

大型节会活动的举办，既是大脑智慧的聚会，又是信息交流的聚会，还是财富资本的聚会。达沃斯、博鳌论坛充分证明，国际性论坛能产生巨大的投资拉动效应。特别是博鳌良好的发展前景和已经可以看到的投资回报，让投资商趋之若鹜。此外，许多城市都增加了大型节会活动的投资拉动效应，这必然会促使其获得更大、更好的发展。

6. 城建拉动效应

投资拉动效应的直接效果，就是城市开发建设进程的加快，开发建设的水准提高。陈锦华指出，配套设施好是支撑达沃斯成功的四大因素之一。博鳌也因为亚洲论坛的带动和促进，经过短短两三年时间的全面开发，如今的博鳌道路畅通、环境优美、配套设施齐全，已经成为世界知名的旅游区。大型节会活动的成功举办，国际性节会品牌的打造，其对城建的拉动效应也是不言而喻的。特别是基础条件较好的许多发达城市，作为我国城市建设的点睛之作，对我国城市乃至整个中国的经济建设都将产生非同一般的作用。我们将高兴地看到，不久的将来，许多城市将更加富有魅力。

7. 品牌拉动效应

经营城市，打造品牌，加快培育城市的核心竞争力，已经成为世界城市之间相互竞争和促进的战略举措。节会品牌的打造，通过城市之间的互相交流和学习，全新的经营城市理念和城市营销战略与策略将在世界城市之间广为传播。大型节会活动的所在地，是城市信息交流的焦点和中心，无疑是近水楼台先得月，受益最早、得益最多、触动最大、提升最快。特别是通过主流媒体的多次传播，举办地城市品牌形象也将传播最广，影响最为久远。总之，无论从城市品牌的经营、管理、提升还是传播，大型节会活动对城市品牌的整体提升都将实现历史性的跨越和质的飞跃。

8. 文化拉动效应

世界权威专家研究表明，从消费的角度分析，当今及未来是休闲经济、体验经济和娱乐经济时代。节会经济各大拉动效应的相关作用，将极大地促进和带动文化娱乐产业的发展。世界发达城市传媒巨子、文化名流先进的经营理念、营销手段、竞争策略、技术设备等，伴随城市节会活动的举办，都将汇聚举办城市。从而促进城市文化产业包括广播电视、新闻出版、文化产业等发展水平较高的诸多产业实现与国际水平的对接。由于上述因素的作用，成功的节会品牌将给城市的文化产业带来新的春天。

9. 综合拉动效应

强势节会品牌的打造，对会址所在地的拉动效应是全方位的、持续性的，相互作用、交替放大、整体提升。例如，对学术研究及教育事业的拉动，对通讯及信息产业的拉动，对航空及交通建设的拉动，对体制改革及制度创新的拉动，对市民素质及服务水平的拉动，对文化生活及精神需求的拉动等，难以枚举。

政府干预理论：“挖坑”可以带动经济发展

政府就是那只“看得见的手”

凯恩斯在其著作《就业利息和货币通论》中，通过一则“挖坑”的故事引申出了政府干预理论：

乌托邦国处于一片混乱中，整个社会的经济完全瘫痪，工厂倒闭，工人失业，人们束手无策。这个时候，政府决定兴建公共工程，雇佣200人挖了很大的坑。雇200人挖坑时，需要发200个铁锹，于是生产铁锹的企业开工了，生产钢铁的企业也开始工作了；还得给工人发工资，这时食品消费行业也发展起来了。通过挖坑，带动了整个国民经济的消费。大坑终于挖好了，政府再雇200人把这个大坑填好，这样又需要200把铁锹……如此反复，萧条的市场终于一点点复苏了。经济恢复后，政府通过税收，偿还了挖坑时发行的债券，一切又恢复如常了。

众所周知，在凯恩斯之前的西方经济学界，人们普遍接受以亚当·斯密为代表的古典学派的观点，即在自由竞争的市场经济中，政府只扮演一个极其简单的被动角色——“守夜人”。凡是在市场经济机制作用下，依靠市场能够达到更高效率的事，都不应该让政府来做。国家机构仅仅执行一些必不可少的重要任务，如保护私人财产不被侵犯，从不直接插手经济运行。

然而，历史的事实证明，自由竞争的市场经济导致了严重的财富不均，经济周期性巨大震荡，社会矛盾尖锐。1929——1933年的全球性经济危机就是自由经济主义弊症爆发的结果。因此，以凯恩斯为代表的政府干预主义者浮出水面，他们提出，现代市场经济的一个突出特征，就是政府不再仅仅扮演“守夜人”的角色，而是要充当一只“看得见的手”，平衡以及调节经济运行中出现的重大结构性问题。这就是政府干预理论。

政府干预也不是万能的

政府干预经济的主要任务是：保持经济总量平衡，抑制通货膨胀，促进重大经济结构优化，实现经济稳定增长。调控的主要手段有价格、税收、信贷、汇率等。

从经济学角度讲，宏观调控就是宏观经济政策，也就是说政府在一定时候可以改善市场结果。当然，政府有时可以改善市场结果并不是说它总是能够调控市场。那什么时候能够调控，什么时候不能呢？

这就需要人们利用宏观调控的经济学原理来判断什么样的经济政策在什么情况下能够促进经济的良性循环，形成有效公正的经济体系，而什么时候宏观调控又无法实现既定目标。

相对于亚当·斯密的自由主义，凯恩斯主义认为，凡是政府调节能比市场提供更好的服务的地方，凡是个人无法进行平等竞争的事务，都应该通过政府的干预来解决问题。凯恩斯强调政府的作用，即政府可以协调社会总供需的矛盾、制定国家经济发展战略、进行重大比例的协调和产业调整。它最基本的经济理论，是主张国家采用扩张性的经济政策，通过增加需求促进经济增长。

不过，在20世纪70年代，世界上一些发达资本主义国家陷入了“滞胀”的状态，无论政府如何挥舞那只“看得见的手”，经济总是停滞不前，而物价却在不断地上涨。这便是“政府失灵”的状况。

在现代市场经济的发展中，为了克服“市场失灵”和“政府失灵”，人们普遍寄希望于“两只手”的配合运用，以实现在社会主义市场经济条件下的政府职能的转变。我们应该正确看待政府干预的积极方面及其局限性。

对于我国而言，政府干预的主要作用就是，指明经济发展的目标、任务、重点；通过制定法规，规范经济活动参加者的行为；通过采取命令、指示、规定等行政措施，直接、迅速地调整和管理经济活动。其最终目的是为了补救“看不见的手”在调节微观经济运行中的失效。值得注意的是，如果政府的作用发挥不当，不遵循市场的规律，也会产生消极的后果。

定律链接：政府怎样纠正市场失灵

政府应该如何实行干预才能纠正市场失灵呢？斯蒂格利茨认为，虽然教科书中所讲的那种完全竞争模型在现实生活中并不存在，但市场经济中的有限竞争仍然可以起到传递信息、推动技术发展进步的作用。所以，政府在直接参与的公共部门和服务中，应该积极抑制垄断，鼓励各方开展积极竞争。当然，要想做到这一点，政府的经济功能就要在保持集中化决策优点的同时，适当进行分散化，即把公共服务交给不同政府团体去经营，使人们可以在不同政府团体的竞争中比较它们之间的效率优劣。对于市场经济中普遍存在的资源配置无效率现象，斯蒂格利茨提出，政府的公共政策应主要定位于资源配置职能，通过发挥政府的再分配职能提高资源配置效率。具体做法是对所有商品实施最优纠正性税率，最优税率应以估算的所有商品的供给弹性和需求弹性（包括所有的交叉弹性）为基础。斯蒂格利茨也承认获取这些信息有困难，所以他又指出，政府应把注意力集中在较大、较严重的市场失灵上，如资本市场、保险市场等。

此外，还有一点是需要注意的，即政府干预的公正性并非必然的，其效率也不会很高，而且在某种程度上还具有垄断性的特征，所以，我们不应该寄希望于让政府干预成为替代市场的主导力量，否则只能导致"政府失灵"，用"失灵的政府"去干预"失灵的市场"必然是败上加败，使失灵的市场进一步失灵。但客观存在的市场失灵又需要政府的积极干预，"守夜人"似的"消极"政府同样无补于市场失灵，同样会造成政府失灵。因此，政府不干预或干预乏力与政府干预过度都是不可取的。现实需要的是政府在保证市场对资源配置起基础性作用的前提下，以自身的长处来弥补市场调节的不足，同时又借用市场调节的长处来克服自身的不足，并最终实现二者优化组合，从而更好地促进市场经济的进步与发展。

MURPHY'S
LAW

第六章

管理学原理

公平理论：绝对公平是乌托邦

绝对的公平根本不存在

一个人不仅关心自己所得所失本身，而且还关心与别人所得所失的关系。他们是以相对付出和相对报酬全面衡量自己的得失，如果得失比例和他人相比大致相当时，就会心理平静，认为公平合理，从而心情舒畅；比别人高则令其兴奋，这是最有效的激励，但有时过高会带来心虚，不安全感激增；低于别人时同样会令其产生不安全感，心理不平静，甚至满腹怨气，工作不努力、消极怠工。因此分配合理性常是激发人在组织中工作动机的因素和动力。

早在 1965 年，美国心理学家约翰·斯塔希·亚当斯就已提出“公平理论”，员工的激励程度来源于对自己和参照对象的报酬和投入的比例的主观比较感觉。该理论认为，人能否受到激励，不但由他们得到了什么而定，还要由他们所得与别人所得是否公平而定。

下面，一起来看古印度《百喻经》里的一个“二子分财”的例子：

古印度有这样的习俗，父母死后要为子女留下财产，而子女之间要平分财产。有一位富商，晚年得了重病，知道自己快要死了，于是便告诉他的儿子们要平分财产。两个儿子遵照他的遗言，在他死后，提出各种平分财产的方案，可是无论哪个方案，兄弟二人都不能同时满意。

就在他们为平分遗产发愁的时候，有一个愚蠢的老人来他们家做客，见此状况，便对两兄弟说：“我教你们分财物的办法，一定能分得公平，就是把所有的东西都破开成两份。怎么分呢？衣裳从中间撕开，盘子、瓶子从中间敲开，盆子、缸子从中间打开，钱也锯开，这样一切都是一人一半。”兄弟二人听到这位愚人的建议，顿然醒悟，总算找到平分遗产的方法了。但当他们按这样的方法分完遗产，才发现所有的东西都不能用了……

绝对的公平是不存在的。如果完全都按照数量上的平等来分，就会出现这种形而上学的笑话。所以，效率和公平要兼顾。

寻找公平与效率之间的完美平衡点

在经济学上，公平与效率是个永久的话题，很多人认为两者不可兼得，要么牺牲效率，获得相对的更加公平；要么牺牲公平，去追求更大的效率。事实就是这样，最公平的方案不一定就是最有效的。

两个孩子得到一个橙子，但是在分配的问题上，两人并不能统一。两个人吵来吵去，最终达成了一致意见，由一个孩子负责切橙子，而另一个孩子选橙子。最后，这两个孩子按照商定的办法各自取得了一半橙子，高高兴兴地拿回家去了。其中一个孩子把半个橙子拿到家，把橙子皮剥掉扔进了垃圾桶，把果肉放到果汁机里榨果汁喝；另一个孩子回到家把果肉挖掉扔进了垃圾桶，把橙子皮留下来磨碎了，混在面粉里烤蛋糕吃。

两个“聪明”的孩子想到了一个公平的方法来分橙子：如果切橙子的孩子不能将橙子尽量分成均等两半，那么另一个孩子肯定会先选择较大的那一块，所以这就迫使他要进行均匀的分配，否则吃亏的就是自己。这似乎是一个“完美”的公平方案，结果双方也都很满意。然而，他们各自得到的东西却未能物尽其用，这个公平的方案并没有让双方的资源利用效率达到最优。

如果将橙子果肉掏出，全部给需要榨果汁的小孩，把橙皮全部留给需要橙皮烤蛋糕的小孩，这样就避免了果肉和果皮的浪费，达到资源利用的最大化。但对两个小孩来说，这样的方案，他们会觉得不公平而拒绝接受。

许多公司为了避免员工的不公平心理对工作效率造成影响，都对员工工资采取保密措施，使员工相互不了解彼此的收支比率，从而无法进行比较。这种做法有些类似于“纸里包火”。其实，若想要规避不公平心理的负面效应，不但要公开大家的付出与所得，还需要建立合理的工作激励机制，以及公正的奖罚制度，并铁面无私地严格执行下去。

然而事实上，要提高效率，难免就会存在不平等。要实现平等，则往往要以牺牲效率为代价。世上没有绝对的公平，公平永远是相对的。所以对于我们个人来说，不要刻意去为点滴的不公而大动干戈，也不要为过于追求效率而无视施加于大家头上的不平等。一个优秀的团体，总能做到效率与公平的兼顾，并知道何时需要注重公平，何时需更注重效率。同样，一个聪明的人在处理事务时，也总会在公平与效率之间找到完美的平衡点。

定律链接：结果公平和机会公平

公司的年终酒会上，一个漂亮的女孩被很多男生看上了。每个人都想邀请她跳舞，却又不好意思。有几个大胆的男生来邀请女孩跳舞，女孩犹豫了一下，选择了一个年轻帅气的男生。其他男生立马撇嘴，觉得这个女孩怎么可以只看男生外表不重内涵呢？真没品位。第二次女孩又和一位中年成熟男士跳舞，其他人又撇嘴，这个女孩怎么只看男生有钱没钱呢？真虚荣。第三次女孩选择了一个长相平平的男生跳舞，其他人还撇撇嘴，他长那么丑，还没有我帅呢！她怎么这么没有品位呢！

可见，这个女孩无论如何选择，都无法达到这些男士所认为的公平。在公平与效率之间，既不能只强调效率而忽视了公平，也不能因为公平而不要效率，应该寻求一个公平与效率的最佳契合点，实现效率，促进公平。但要实现效率与公平的完美结合，又谈何容易？各方要在合作的基础上达成一种均衡，必须考虑各方的利益。在大家实力相当的时候，必须使每个人得失相当。最难的是，每个人都觉得自己得到的是最少的，无论如何都是不公平的。

在诸如此类的生活场景中，之所以总会听见人们抱怨，就是因为公平难以实现。

经济学家把公平划分为结果公平和机会公平。结果公平是由人类社会的整体性所决定的，无论强者还是弱者，每个人都应享有基本的权利，即生存和发展的权利。结果公平更加注重人的差异性，它是通过社会再分配的方式，对于弱者给予补偿，个人所得税、奢侈品税的核心思想就是通过财富转移支配达到促进社会公平的结果。

鲇鱼效应：让外来“鲇鱼”助你越游越快

鲇鱼效应就是一种负激励

挪威人喜欢吃沙丁鱼，尤其是活鱼，市场上活沙丁鱼的价格要比死鱼高许多，所以渔民总是千方百计地想让沙丁鱼活着回到渔港。虽然经过种种努力，可绝大部分沙丁鱼还是在中途因窒息而死亡。但有一条渔船总能让大部分沙丁鱼活着。船长严格保守着秘密，直到船长去世，谜底才揭开，原来是船长在装满沙丁鱼的鱼槽里放进了一条鲇鱼。鲇鱼进入鱼槽后，由于环境陌生，便四处游动，沙丁鱼见了十分紧张，左冲右突，四处躲避，加速游动。这样一来，一条条沙丁鱼欢蹦乱跳地回到了渔港。

这就是著名的“鲇鱼效应”，即采取一种手段或措施，刺激一些企业活跃起来，投入市场中积极参与竞争，从而激活市场中的同行业企业。其实质是一种负激励，是激活员工队伍的奥秘。

比如，一个企业内部人员长期固定，就会缺乏活力与新鲜感，从而容易产生惰性，影响企业生产效率。对企业而言，将“鲇鱼”加进来，会制造一些紧张气氛。当员工们看见自己周围多了些“职业杀手”时，便会有种紧迫感，觉得自己应该要加快步伐，否则就会被挤掉。这样一来，企业就又能焕发出旺盛的活力了。

同样，如果一个人长期待在一种工作环境中反复从事着同样的工作，很容易滋生厌倦、疲惰等负面情绪，从而导致工作绩效明显降低，长此以往，就掉入了职业倦怠的漩涡之中。“鲇鱼”的加入，会使人产生竞争感，从而促进自己的职业能力成长和保持对工作的热情，这样也就容易获得职业发展的成功。

要知道，适度的压力有利于保持良好的状态，有助于挖掘人们的潜能，从而提高个人的工作效率。例如，运动员每临近比赛时，一定要将自己调整到能感觉到适度的压力，让自己兴奋的最佳竞技状态。相反，如果不紧张、没压力感，则不利于出成绩。可见，适度的压力对挖掘自身的内在潜力资源是有正面意义的。

有一位经验丰富的老船长，当他的货轮卸货后在浩瀚的大海上返航时，突然遭遇到了巨大的风暴。年轻的水手们惊慌失措，老船长果断地命令水手们立刻打开货舱，往里面灌水。“船长是不是疯了，往船舱里灌水只会增加船的压力，使船下沉，这不是自寻死路吗？”

船长望着这群稚嫩的水手们说：“百万吨的巨轮很少有被打翻的，被打翻的常常是船身轻的小船。船在负重的时候是最安全的，空船时则是最危险的。在船的承载能力范围之内，适当的负重可以抵挡暴风骤雨的侵袭。”

水手们按照船长的吩咐去做，随着货舱里的水位越升越高，随着船一寸一寸地下沉，依旧猛烈的狂风巨浪对船的威胁却一点一点地减少，货轮渐渐平稳下来。

这就是“压力效应”。那些得过且过、没有一点压力的人，就像是风暴中没有载货的船，人生的任何一场狂风巨浪都能将其覆灭。而那些时刻认识到“鲇鱼效应”的存在，在生活中适当存有压力，善于保持工作激情的人，是不会轻易被风浪击倒的，反而时刻走在追求成功的道路上。

适度的压力是必要的，但若压力过度的话，不仅不会消除厌倦慵懒的情绪，反而会激发无助、绝望等更为负面的情绪，从而使自己的状况恶化，这就好比将许多鲇鱼放入了沙丁鱼鱼槽中。鲇鱼是食鱼动物，正因为这种特性，加入一条鲇鱼会给沙丁鱼带来压力，从而发生“鲇鱼效应”；然而如果放入大量鲇鱼，这不但不能给沙丁鱼带来游动的动力，反而给它们带来灾难。

对于企业中的个人来说，“鲇鱼”要么是位奖罚分明、雷厉风行的领导，要么是位表现突出、实力强劲的同事，还有可能是位积极向上、富有活力的下属。这些“鲇鱼”的适当存在，都能让其他员工产生向前奋进的动力。久而久之，我们会慢慢发觉，我们也变成了周围人眼中的“鲇鱼”，大家都处在一个良性循环的竞争中。

在当今这个日新月异的社会中，原地不动就意味着退步。若不想落后于他人，那就给自己找条“鲇鱼”吧，保持着适度的压力，并将压力化为动力，我们就会越游越快。

引入“鲇鱼”员工

本田汽车公司的创始人本田宗一郎就曾面临这样一个问题：公司里东游西荡的员工太多，严重影响企业的效率，可是全把他们开除也不现实，一方面会受到工会方面的压力，另一方面企业也会蒙受损失。这让他左右为难。他的得力助手、副总裁宫泽就给他讲了沙丁鱼的故事。

本田听完故事，豁然开朗，连声称赞：这是个好办法。于是，本田马上着手进行人事方面的改革。经过周密的计划和努力，终于把松和公司的销售部副经理、年仅35岁的武太郎挖了过来。武太郎接任本田公司销售部经理后，首先制定了本田公司的营销法则，对原有市场进行分类研究，制订了开拓新市场的详细计划和明确的奖惩办法，并把销售部的组织结构进行了调整，使其符合现代市场的要求。上任一段时间后，武太郎凭着自己丰富的市场营销经验和过人的学识，以及惊人的毅力和工作热情，受到了销售部全体员工的好评，员工的工作热情被极大地调动起来，活力大为增强。公司的销售出现了转机，月销售额直线上升，公司在欧美及亚洲市场的知名度不断提高。

无疑，本田是“鲇鱼效应”的获益者。从那以后，本田公司每年都重点从外部“中途聘用”一些精干利索、思维敏捷的30岁左右的生力军，有时甚至聘请常务董事一级的“大鲇鱼”，这样一来，公司上下的“沙丁鱼”都有了触电式的警觉。

定律链接：给自己找个对手

人类从古至今，总是生活在各种各样的竞争之中，一个人在职场生存和发展，就要有竞争意识，就要有一种比对手做得更好的意识。

如果没有竞争意识，就不会有奋斗和进取的动力，这样的人，终究逃不过平庸和被淘汰的命运。竞争是一种能力，只有在竞争中才能感觉到生命的存在，只有在竞争中才能感觉到自己活得充实而有意义，只有在竞争中才能真正实现自我。

加拿大有一位享有盛名的长跑教练，由于在很短的时间内培养出好几名长跑冠军，所以很多人都向他请教训练诀窍。谁也没有想到，成功的秘密并不在他，而是几只凶猛的狼。

因为这位教练给队员训练的是长跑，所以他一直要求队员们从家里出发时一定不要借助任何交通工具，必须自己一路跑来，作为每天训练的第一课。有一个队员每天都是最后一个到，而他的家并不是最远的，教练甚至想告诉他改行去干别的，不要在这里浪费时间了。

但是突然有一天，这个队员竟然比其他人早到了20分钟，教练知道他离家的时间，算了一下，他惊奇地发现，这个队员今天的速度几乎可以打破世界纪录。他见到这个队员的时候，这个队员正气喘吁吁地向他的队友们描述着今天的遭遇。原来，在离家不久经过一段5公里的野地时，他遇到了一匹野狼。那野狼在后面拼命地追他，他在前面拼命地跑，最后那匹野狼竟被他给甩掉了。

教练明白了，今天这个队员超常发挥是因为一匹野狼，他有了一个可怕的敌人，这个敌人使他把自己所有的潜能都发挥了出来。

从此，这个教练聘请了一个驯兽师，并找来几匹狼，每当训练的时候，便把狼放开。没过多长时间，队员们的成绩都有了大幅度的提高。

敌人的力量会让一个人发挥出巨大的潜能，创造出惊人的成绩，尤其是当敌人强大到足以威胁你的生命时。敌人就在你的身后，只要你一刻不努力，生命就会有万分的惊险和危难。

不论什么方式的竞争，也不论竞争对手是谁，竞争的具体内容怎样，总之，竞争都是为了使自己在感觉和利益上压倒对方、超越对方，在这种压倒和超越对方的竞争中得到心理上的满足，生命才会变得更有意义。

艾奇布恩定理：不要把摊子铺得过大

规模经济才是经营的最好选择

经营管理企业，小有小的好处，大有大的难处。企业在做大的过程中，难免会出现管理瓶颈，艾奇布恩定理正是反映了这一问题。艾奇布恩定理是指，如果你遇见员工而不认得或忘了他的名字，那你的公司就太大了点。摊子一旦铺得过大，就很难把它照顾周全。

如果让经济学家来看待规模问题，他们会引入一个经济学上更通俗的名词：规模不经济。按我们一般的理解，企业当然都希望规模越大越好，然而，经济学却认为，规模并不是越大越好。

虽然规模的扩大能够在一定程度上节约成本，优化资源配置，使企业的长期费用呈下降趋势，但规模的盲目扩张却也面临着规模不经济的风险。

我国调味品行业中某知名民营企业老总是一个思维敏捷、做事干练的企业家，短短几年时间，公司就由一个小作坊发展到千余人的中型企业。面对大好形势，当地领导和专家都建议他抓住机会，扩大规模，取得规模优势。于是他经过近一年的投资拼搏，使企业规模几乎翻了一番，但公司的经济效益却有所下降。公司老板感到困惑：不是说规模经济吗？为什么到我这里就显示不出规模效益，反而出现规模不经济呢？

实际上，这不是一个人的困惑，许多人都面临同样的困惑。规模的扩大，可能让公司生产成本提升，如必须新增大量人工成本、增加营销管理费用来支撑更大的销售规模，由于需求走高使原材料供给出现紧张导致采购价格上涨，信息传递费用增加等，从而使企业走向规模不经济。

一个企业的生产规模可以在短时间扩大，但管理却是一个循序渐进的过程，不可能在短时间内有较大的飞跃。管理学家弗兰克·奈克有一句经典论述："在处理和管理复杂事物中，企业家的能力显然是有极限的。"这种解释的一个前提条件是大企业必定比小企业复杂，企业规模的扩大，导致经营管理上的极限。也就是说，企业规模的扩大，必然伴随组织规模的扩大；组织规模的扩大，必然伴随企业人员的增加；人员的增加，又必须伴随管理层次的增加。此时，如果企业管理方式、管理手段没有跟上，仍然沿用过去的经验和方法，那么，企业管理的效率就会下降，给企业带来管理成本的上升，致使企业管理的总成本增加，产生规模不经济。

有很多企业，成本降不下来，效率上不去，一个重要的原因就在于没有实现适度规模。亚伦·艾奇布恩提出的"艾奇布恩定理"，就是为了提醒人们注意规模。显然，他衡量一个公司是否超过应有规模的标准，就是你是否能够记住每一名员工的名字。这或许更多的是一种西方式幽默，然而，艾奇布恩提出的定理却一直在提醒每一位成功的管理者：把自己的摊子照顾周全，否则，就不要铺得过大。

积微成巨才是王道

贪大是创业者的常见"病症"之一。贪大有两个含义：一是贪规模，也就是说，尽管是在起步阶段，也尽可能地将摊子铺大；二是贪大利，在很多创业者眼里，小利润从来都不被看上眼，认为只有捕捉到鲸鱼才是真正的出海。殊不知，以新创企业那么瘦小的身板，即使是捕捉到鲸鱼，也有可能被噎死。

阿里巴巴和淘宝网是中国最成功的电子商务网站。探究它们成功的秘诀，就在于创始人着眼于小利来设计企业的发展战略，抓住小利，而不是将企业的未来押在大利上。

在一次名人访谈节目中，博鳌亚洲论坛秘书长龙永图问了马云一个问题：你（阿里巴巴）现在供应商当中有多少是中小企业？马云的回答令龙永图有些吃惊："我们现在整个阿里巴巴的企业电子商务有1800万家企业支持会员，几乎全是中小企业，当然沃尔玛也好，家乐福也好，海尔也好，甚至GE都在我们这儿采购，但是我对这些企业一点兴趣都没有。"龙永图笑着说："难怪人家说你是狂人，口出狂言。"在场的人们显然都不太相信马云的大话。怎么可能会有对大客户不感兴趣的企业呢？马云不慌不忙地解释道："我只对我关心的人感兴趣。我对中小型企业感兴趣，我就盯上中小型企业，顺便淘进来几个大企业，它不是我要的。就像你刚才讲，龙（龙永图）先生不购物，网上不购物，我一定没有吃惊。但有一样，我坚信一个道理，有的人喜欢在海里抓鲨鱼、抓鲸鱼，我就抓虾米。我相信是虾米驱动鲨鱼，大企业一定会被中小型企业驱动。所以我那时候就想企业在工业时代是凭规模、资本来取胜，而信息时代一定是靠灵活快速的反应。我唯一希望的就是用IT、用互联网、用电子商务去武装中小型企业，使它们迅速强大起来。"

从这段对话中，我们了解到马云把大企业比做"鲸鱼"，把小企业比做"虾米"，阿里巴巴只对虾米感兴趣，它的主要客户是小虾米而不是鲸鱼。马云之所以盯紧"小虾米"，眼里只有"小虾米"，其实是因为他对中国中小企业，以及阿里巴巴自身的成长经验的了解。

关于这一点，马云讲了一个故事：

2003年的冬天，他到沈阳去看市场，顺便见了两个客户。其中一个客户见了他就拉着他的手说："我真想把你像佛一样供起来。"马云奇怪地问:“怎么了?”原来,那位客户的生意多亏了阿里巴巴。客户在2003年一共有60个客户,58个是从阿里巴巴来的。马云好奇地问他:“你是做什么生意的?”客户回答说:“我们企业很小,我们是做标牌生意的。”马云自小生长在私营中小企业发达的浙江,从最底层的市场一路摸爬滚打过来,深知中小企业的困境——被大企业压榨、控制。“例如市场上一支钢笔订购价是15美元,沃尔玛开出8美元,但是1000万美元的订单,供应商不得不做,但如果第二年沃尔玛取消订单,这个供应商就完了。而通过互联网,小供应商就可以在全球范围内寻找客户。”

马云要做的事就是提供这样一个平台,将全球的中小企业的进出口信息汇集起来。“中小企业好比沙滩上一颗颗石子,但通过互联网可以把一颗颗石子全粘起来,用混凝土粘起来的石子们威力无穷,可以与大石头抗衡。互联网经济的特色正是以小搏大、以快打慢。”“我要做数不清的中小企业的解救者。”另外,马云还考虑到,因为亚洲是最大的出口基地,阿里巴巴以出口为目标,帮助全国中小企业出口是阿里巴巴的方向,他相信中小企业的电子商务更有希望、更好做。

电子商务要为中国中小企业服务,这是阿里巴巴的战略。在马云的眼里,小虾米并不小,他们集中起来可以形成很强大的力量,他只注重虾米的世界。

小利照样能够赢得巨额利润。古人云:“不积跬步,无以至千里;不积小流,无以成江海。”在创业的过程中,很多梦想“一夜暴富”、“一口吃成胖子”的人没有达到目的,而那些独辟蹊径、不嫌小钱的人,却赢得了成功。从企业发展的角度来考虑,利润的薄厚不是关键,关键在于企业能否长久赢利。因此,抱定“莫以利小而不为”的经营理念,一定能成为“积微成巨”的大赢家。

定律链接：格兰特公司的没落——看重实力，不要看重规模

威廉·格兰特算得上美国商业史上的“少年英雄”，他白手起家创立的格兰特公司，由小本经营起步，发展成为美国屈指可数的大企业。

威廉·格兰特生于1876年，19岁时就显示出了自己过人的经营才华，当时他掌管波士顿公司的一家鞋店。

1906年，格兰特拿出自己的全部资金在林思市投资1万美元开设了第一家日用品零售店。两年后，他在美国其他城市开设了格兰特连锁店。到20世纪60年代，格兰特的年销售额近10亿美元，它跻身于美国知名大企业行列。

值得一提的是，格兰特公司定价策略的运用，是其成功的重要环节。在零售业竞争十分激烈的情况下，格兰特认真研究后，将其经营的日用品价格定位在25美分，高于“5美分店”和“10美分店”，但低于普通百货公司的价格，而格兰特公司的陈设格局又比廉价的“5美分店”和“10美分店”档次高。这一价格定位同时吸引了百货公司和廉价商店的顾客。

但是后来的盲目扩张却使格兰特公司最终走上了没落之路。格兰特公司不断发展连锁店，到1972年，公司新开办的商店数量就已经是1964年的2倍，但利润却没有随规模的扩大而增长。到1973年11月，格兰特公司的利润只有3.7%，该年格兰特全年营业额达18亿美元，但利润却只有可怜的8400万美元，创该公司历史最低。让人遗憾的是，它并没有放慢扩张的速度，1974年，格兰特公司的连锁店猛增到82500家，是10年前的1000多倍。与此同时，它的总债务节节攀升，在143家银行的债务达7亿美元，公司信誉急剧下降。1975年10月，格兰特公司不得不申请破产，使8万多员工丢了饭碗，成为美国历史上第二大破产

公司，也是美国零售行业中最大的破产公司。

不难看出，有效的扩张可以造就一代企业枭雄，没有节制的扩张可能是一场浩劫的开始。过快的扩张速度，会使企业面临巨大的不确定性。

企业由于在发展的鼎盛时期盲目扩张导致失败的例子不胜枚举，如格兰特、飞龙集团等。企业的高层管理者为了避免盲目扩张给企业带来灾难，在决策时应该深思以下问题：

（1）企业何去何从。

（2）资金的储备能支撑企业走多远。

（3）人力资源能否跟上。

（4）市场的容量有多大。

（5）竞争对手的竞争策略如何。

（6）与原材料供应商的合作如何。

（7）公司现在的盈利能力和生命力怎样。

（8）股东的承受能力。

（9）管理方面有无经验。

如果以上诸多因素都对企业有利的话，才能考虑扩大企业规模，否则，盲目的扩张只会给企业带来巨大的损失。

诚信法则：人无信不立

贩卖诚信等于贩卖自己

经济学非常注重诚信，“人无信不立，业无信不兴”。诚信的本义就是要诚实、诚恳、守信、有信，反对隐瞒欺诈，反对假冒伪劣，反对弄虚作假。诚信虽然归属于道德范畴，但同时也是市场经济得以运行的基石。晋商成功靠的就是“诚信”两个字。八国联军进北京后，晋商在北京的票号被毁，账本库存全无，但票号对持有存单的人全部照付，不惜血本保信用。古人云：“无诚则有失，无信则招祸。”如果厂商失去诚信，不仅坑害消费者，最终也会为自己招致祸端。那些践踏诚信的人也许能得利于一时，但终将作茧自缚，自食其果；那些制假售假者，或欺蒙诈骗者，则往往在得手一两次后，便会陷入绝境，导致人财两空。

诚信的巨大作用在几千年前就被我们的祖先提出了。在今天，诚信依旧发挥着巨大的作用。要知道，所有的商业声誉都建立在诚信的基础上，今天，由于信息传输更快、更难以捕捉，声誉也就更容易丧失，所以，诚信比以往任何时候都显得更为重要。

在市场经济的今天，“假”可谓是一个比较时髦的字眼。官员造假数字，商人造假产品，学校卖假文凭，诚信受到极大冲击。恢复诚信，重建信任关系，已成为市场经济成败的关键。市场经济归根结底是以诚信为基础的。西方有句谚语说，你能永远骗少数人，也能暂时骗所有人，但你不能永远骗所有人。

一对夫妻开了家烧酒店。丈夫是个老实人，为人真诚、热情，烧制的酒也好，人称“小茅台”。有道是“酒香不怕巷子深”，一传十，十传百，酒店生意兴隆，常常供不应求。为了扩大生产规模，丈夫决定外出购买设备。临行前，他把酒店的事都交给了妻子。几天后，丈夫归来，妻子说：“我知道了做生意的秘诀。这几天我赚的钱比过去一个月赚的还多。秘诀就是，我在酒里兑了水。”丈夫给了妻子一记重重的耳光，他知道妻子这种坑害顾客的行为将他们苦心经营的酒店的牌子砸了。“酒里兑水”的事情被顾客发现后，酒店的生意日渐冷清，最后不得不关门了。

如今，诚信被越来越多的人看重。诚信是为人之道，是立身处事之本，是人与人相互信任的基础。诚实守信作为职业道德，对于一个行业来说，其基本作用是树立良好的信誉，树立值得他人信赖的行业形象。它体现了社会承认一个行业在以往职业活动中的价值，从而影响到该行业在未来活动中的地位和作用。

假的真不了，真的假不了

在现代经济社会，即使一个企业拥有雄厚的资本实力和现代化的机器设备，有誉满全球的品牌优势，建立了很好的采购和销售网络，并且有一支高素质的员工队伍和高学历的管理者队伍，但如果它在财务报表、商品和服务上做假，欺骗投资者和客户，丢掉了信用资本，就没有银行愿意给他贷款，企业的股票、债券和商品就没有人买。合作者和客户没有了，所有物力资本和人力资本就都失去了它的意义，企业必然会陷入困境。

2008 年的“三鹿奶粉”事件震惊全国，从层层剥开的真相来看，令人震惊的是一些企业商业道德的沦丧。

河北三鹿集团生产的婴幼儿奶粉价格低廉，是广大处于中低层经济水平家庭的育婴首选产品。但是，为了节约成本、牟取暴利，三鹿集团选择了添加大量廉价“大豆蛋白粉”的奶源，而这些所谓的“大豆蛋白粉”实为伪造蛋白质的化学原料三聚氰胺。实验表明，三聚氰胺会影响人体泌尿系统，可能导致泌尿系统结石。很多婴儿就是食用了含有三聚氰胺的奶粉而得了结石。据新华网报道，三鹿集团从 2008 年 3 月份开始就陆续接到一些食品安全的投诉，却置众多婴幼儿的生命健康于不顾，继续生产“毒奶粉”，直至同年 9 月份该事件被大规模曝光，才停止生产。据不完全统计，全国共有 5.3 万儿童因食用添加三聚氰胺的奶粉中毒，其中 4 人死亡，1200 多人住院观察。

通览“三鹿奶粉”事件中企业的表现，他们有见利忘义的冲动，有明知故犯的侥幸，有心知肚明的“默契”，就是没有起码的道德良知。这种行为重创了奶制品行业，更重创了社会的诚信机制。

诚信是社会契约的前提，道德是商业文明的基石。作为人们共同的行为准则和规范，诚信是构成社会文明的重要因素，也是维系和谐人际关系、良好社会秩序的基本条件。如果诚信缺失、道德败坏、是非不分、荣辱颠倒，文明底线失守，再好的制度也无法生效，发展也会出问题。

任何经济行为如果忽视其道德价值，任由各利益主体只追求自己的利益最大化，而不惜损害他人的利益，不仅会引发质量危机、责任危机、信用危机，更有可能导致经济生活的全面混乱，祸害整个社会。

如今我们的经济体制有了根本性的转变，市场经济虽然存在竞争，但竞争必须公平。公平就要求人们相互尊重、以诚信为本，尔虞我诈不符合道德要求。市场经济价值取向要求人们具有开拓进取精神，要求人们必须通过正当的经济活动实现人生价值，每个企业都要以诚信作为前提。

定律链接：诚信的品格往往比能力更重要

人无信则不立，这是千万年来永恒不变的做人之根本。古今中外的人无一不把守信看做是一名君子必备的品质。一个可以为了实现自己许下的诺言，不惜一切代价的人，一定可以获得成功。

戴维森成立了一家玩具公司，由于资金周转不灵，无奈之下，只得向一位好友借了50万美元，并答应2年后还清。一晃2年的时间过去了，戴维森因某些原因仍然无法在短时间内还清好友的借款。戴维森想尽所有办法，用尽各种方法，好不容易筹到了20万美元，可余下的30万美元他实在无能为力了。这可如何是好呢？眼见还钱日期日益接近，戴维森愁得头发都白了许多。他的太太看着十分心痛，便让他向朋友求情，宽限几天还钱的日子或是先开张空头支票，等有了钱再补上。谁知，戴维森非常生气地向太太吼道："这怎么可能！那我成什么了?!"

经过一夜的反复思考，戴维森决定把自己的别墅抵押给银行，希望银行能贷给他30万美元，可银行只同意贷给他27万美元。无奈之下，戴维森忍痛割爱，将别墅以30万美元的超低价出售给可以立即付现的买主，他们一家人则搬到了一处远郊的小平房里。戴维森终于在限期之内还清了好友的欠款。

不久，好友打电话给戴维森，说是周末想到他家聚聚，可没想到被平时非常好客的戴维森一口回绝了。好友很是不解，于是独自前往他家想看个究竟。当好友经过千辛万苦，终于找到戴维森的"新家"时，立刻惊呆了。当他得知戴维森竟是为了按期还自己的借款才如此时，感动不已。临走时，好友真诚地说："你这么讲信用，以后有事尽管找我。"

后来戴维森重新迈入了成功企业家的行列，此后他的事业一直一帆风顺。每当有人问起戴维森他的成功经验时，他都会深有感触地说："是诚信使我获得了财富，获得了成功。"

诚信是人格的体现，是人类社会平稳发展、人与人和平共处的基础，是人性中最珍贵的部分。一个人失去了诚信，就会失掉别人的信赖，也会因此而失掉成功的机遇。在一个人成功的道路上，诚信的品格往往比能力更重要。

MURPHY'S
LAW

第七章

经营学法则

破窗效应：千里之堤，溃于蚁穴

从“小奸小恶”谈企业管理

环境具有强烈的暗示性和诱导性，不要轻易去打破任何一扇窗户，一旦一个缺口被打开，即使看上去微不足道，如果不及时制止，其恶劣影响就会滋生、蔓延，这就是所谓的破窗效应。

事实上，这一效应在企业管理中具有重要的借鉴意义。对待企业中随时可能发生的一些“小奸小恶”的态度，特别是对于触犯企业核心价值观念的一些“小奸小恶”的处理态度，是非常重要的。

美国有一家以极少炒员工著称的公司。

一天，资深熟手车工杰瑞为了赶在中午休息之前完成2/3的零件，在切割台上工作了一会儿之后，就把切割刀前的防护挡板卸下来放在一旁，没有防护挡板收取加工零件会更方便更快捷一点。大约过了一个多小时，杰瑞的举动被无意间走进车间巡视的主管逮了个正着。主管大发雷霆，除了监督杰瑞立即将防护板装上之外，还站在那里控制不住地大声训斥了半天，并声称要作废杰瑞一整天的工作量。到此，杰瑞以为结束了，没想到，第二天一上班，便有人通知杰瑞去见老板。在杰瑞受过好多次鼓励和表彰的总裁室里，杰瑞接到了要将他辞退的处罚通知。总裁说：“身为老员工，你应该比任何人都明白安全对于公司意味着什么。你今天少完成几个零件，少实现利润，公司可以换个人换个时间把它们补回来，可你一旦发生事故失去健康乃至生命，那是公司永远都补偿不起的……”

离开公司那天，杰瑞流泪了，工作的几年间，杰瑞有过风光，也有过不尽如人意的地方，但公司从没有人对他说不行。可这一次不同，杰瑞知道，他这次碰到的是公司灵魂的东西。

此外，“破窗理论”还有一种比较直观的体现。在日本，有一种被称作“红牌作战”的质量管理活动：第一，清理。清楚地区分要与不要的东西，找出需要改善的事物。第二，整顿。将不要的东西贴上“红牌”。“红牌作战”的目的是，借助这一活动，让工作场所整齐清洁，塑造舒适的工作环境，久而久之，大家都遵守规则，认真工作。许多人认为，这样做太简单，芝麻小事，没什么意义。但是，一个企业产品质量是否有保障的一个重要标志，就是生产现场是否整洁。

作为一位出色的管理者，我们应当认识到破窗理论在企业中的重要作用。

对员工中发生的“小奸小恶”行为，要给予充分的重视，加重处罚力度，严肃公司法纪，这样才能防止有人效仿这种行为，积重难返。特别是对违犯公司核心理念的行为要严肃查处，绝不姑息养奸。

要鼓励、奖励“补窗”行为。不以“破窗”为理由而同流合污，反以“补窗”为善举而亡羊补牢，这体现了员工高尚的道德情操和自觉的成本意识。公司要提倡这种善举，通过表扬、奖励措施使之发扬光大。

自己要以身作则，不做“破窗”的第一人。自觉遵守公司规章制度，按程序办事，不做“旁路”程序的事。因为工作程序的制定一般都反映了对员工的约束机制，考虑了成本效益因素。违反程序，其结果往往是造成无序，破坏约束机制，增加成本，有害于公司，也有害于自己。

养成工作遵守程序的习惯，并使其成为个人的道德水平的体现。同时，不以“别人不按程序，我为什么不能”为理由放纵自己，而是坚定立场，反对违反公司规定，浪费公司资源、社会资源的行为。

危机时代，要学会“预防性管理”

美国学者菲特普曾对财富500强的高层人士进行过一次调查，高达80%的被访者认为，现代企业不可避免地要面临危机，就如人不可避免地要面临死亡，14%的人则承认自己曾面临严重危机的考验。

一般说来，企业危机是指在企业内部矛盾、企业与社会环境的矛盾激化后，企业已不能按照原来的轨道继续运行下去的紧急状态，表现为失控、失范和无序。

如今，日益激烈的竞争，充满变数的非直线性发展的外部力量的变化，彻底打破了经验主义者理想的思维方式，如果仅仅依靠并沿袭往日成功的经验来经营企业，将会在不知不觉中铸成危机。局部的、组织的甚或个人的行为，均可能演化为企业的威胁。危机一旦降临，企业可能面临的主要后果有：利润降低；市场份额减少，失去市场甚至导致破产；商业信誉被破坏，形象、声誉严重受损等。

在实际工作中，有一种叫“预防性管理”的思想，认为要想避免管理中不想要的结果出现，就要在事情发生前，采取一些具体的行动。所以，当危机即将来到时，在还未出现“破窗”现象时，我们就要首先做好预防准备。以下两点可以作为我们的参考：

第一，树立危机意识。从主观上来看，没有人希望危机出现，俗话说“天有不测风云，人有旦夕祸福”。无论是天灾还是人祸，危机都有可能发生。尽管天灾无法避免，但如有应急措施，可将损失降到最低限度或限制在最小范围；而人祸是可以避免的，关键取决于企业管理者是否重视对人祸的预防，是否有较强的危机意识。所谓树立危机意识，就是在危机发生前，对危机的普遍性有足够的认识，面对危机临危不惧，积极主动地迎战危机，充分发挥人的主动性和创造性。

第二，做好危机的预控。危机预控是在对危机进行识别、分析和评价之后，在危机产生之前，运用科学有效的理论及方法，来防止危机损失的产生、增加收益的经济活动。企业可采取回避、分散、抑制、转嫁等有效措施的有机结合，通过互相配合、互相补充，达到预防和控制危机的目的，在自我发展的同时稳定整个社会的经济秩序。

中国有句古话，“人无远虑，必有近忧”，作为企业更当如此。既然有些“破窗”不可避免，企业就应时时绷紧“破窗”这根弦。只有未雨绸缪防范“破窗”，才能修补“破窗”于旦夕之间。平时多一些“破窗”意识，多制定几套对付各种可能出现的“破窗”之策略，“破窗”来临时就会镇定从容得多，相对于没有“破窗”意识和未制定“破窗”策略的企业而言，本身就已经为自己赢得了时间差。

华盛顿合作定律：团队合作不是简单的人力相加

创建高绩效团队，让 1+1>2

法国心理学黎格曼 (Ringelman,1913) 进行过一项实验，专门探讨团体行为对个人活动效率的影响。他要求工人尽力拉绳子，并测量拉力。参加者有时独自拉，有时以 3 个或 8 人为一组拉。结果是：个体平均拉力为 63 公斤；3 人团体总拉力为 160 公斤，人均为 53 公斤；8 人团体总拉力为 248 公斤，人均只有 31 公斤，只是单人拉时力量的一半。黎格曼把这种个体在团体中较不卖力的现象称为“社会懈怠”。

关于黎格曼的实验结果，很多人都非常好奇，为什么人多反而影响工作效果呢？这就是“华盛顿合作定律”在现实中的一种表现。

在人与人的合作中，假定每个人的能力都为 1，那么 10 个人的合作结果有时会比 10 大得多，有时甚至比 1 还要小。因为人不是静止的动物，更像是方向各异的能量，相互推动时自然事半功倍，相互抵触时则一事无成。

那么，我们如何才能创建高绩效团队，让 1+1>2 呢？

一家公司招聘职员，最后要从 3 位应聘人员中选出两个。他们给出的题目是这样的：

假如你们 3 个人一起去沙漠探险，在返回的半途中，车子抛锚了。这时，你们只能选择 4 样东西随身带着。你会选什么？这些东西分别是：镜子、刀、帐篷、水、火柴、绳子、指南针。而其中帐篷只能住两个人，水也只有一瓶矿泉水。

甲男选的是：刀、帐篷、水、火柴。

面试经理问他，为什么你第一个就要选刀？

甲男说："害人之心不可有，防人之心不可无。这帐篷只够两个人睡，水只有一瓶，万一有人为了争夺生存机会想害我呢？所以，我把刀拿到手，也就等于把所有主动权控制在了手中。"

乙女和丙男选的 4 样物品为：水、帐篷、火柴、绳子。

乙女解释说："水是必需品，虽然只够两个人喝，但可以省着点，相信也能够 3 个人一起坚持到最后；帐篷虽然只能容纳两个人睡，但是可以 3 个人轮换着来休息；火柴也是路上必不可少的；而绳子可以用来把 3 个人绑在一起，这样在风沙很大、目不见物的时候，就不会失散了。"丙男给出的解释与乙女相同。

最后，甲男被淘汰出局。

可以看出，甲被淘汰出局，是因为他没有良好的合作意识。当今社会，靠独自蛮干获得事业进步的工作大多已不复存在了；相反，现在想要有番成就，就必须寻求同事间的互相配合。团队的收益往往意味着个人事业的发展。只有去寻求同事间的协作，发挥彼此的长处，才有利于工作的完成，更有利于个人在职场上的驰骋。

同时，就任何一家企业而言，如果出了差错或面对艰巨的任务时，员工互相扯皮、敷衍了事，往往是因为责任分配不明确。为什么3个和尚没有水喝呢？原因就是没有明确的分工，如果一人各挑一天水，天天把水挑满，或者你打柴，他扫地，另一个去挑水，其结果可能会好很多。

对企业中人力资源的管理也一样，只要分工明确，互相扯皮、推卸责任的员工也就很少，就是有，也能使大家轻易地看出谁在敷衍了事，谁在互相推诿。只有让每个人都知道自己该做什么，才能遏制“华盛顿合作定律”现象的发生。

此外，我们还要明白，聚集智慧相等的人，不一定能使工作顺利进行，往往只有分工合作，才会取得辉煌的成果。在人员调配中，必须考虑员工之间的相互配合，如此才能发挥个人的聪明才智，这也是人事管理的金科玉律。一般所说的量才适用，就是把一个人安排在最合适的位置，使他能完全发挥自己的才能。然而，更进一层地分析，每个人都有长处和短处，在分工合作时，若要取长补短，就必须全面考虑双方的优点及缺点，然后再鼓励他们，齐心协力地把事情做好。

在经济日益全球化的今天，我们不可能把自己封闭起来，任何人都需要与他人进行合作才会有更好的发展。那么如何在合作中走出华盛顿合作定律的制约，取长补短，追求整体的高效率，则是大家共同的课题。

例外定律：该放手时放手，该授权时授权

过多控制必然低效，要学会适时授权

查尔斯是纽约一家电气分公司的经理。他每天都面对着成百份的文件，权力掌握在他的手里，每一个人都在等着他下达正式指令，他经常抱怨说自己要再多一双手就好了。他已明显感到自己疲于应付。

有一天，他终于醒悟过来了，他决定让属下自己拿主意。他给自己的秘书做了硬性规定，所有递交上来的报告必须筛选后再送交，不能超过10份。刚开始，秘书和所有的属下都不适应。他们已养成了奉命行事的习惯，而今却要自己对许多事拿主意，他们真的有点不知所措。但这种情况没有持续多久，公司就开始有条不紊地运转起来，属下的决定是那样及时和准确无误，公司没有出现差错，而查尔斯也有了休息的时间。他现在才真正体会到自己是公司的经理。

查尔斯意识到授权在管理中的重要性，开始下放自己手中的大部分权力给各主管以及每一个员工，让他们有机会发挥自己的优势，有权力决定自己怎样做才能做得更好，不必千篇一律。授权的结果就是要让下属全都行动起来，充分利用自己手中的权力，完成自己的工作，使之更趋完美。

一名成功者是不会因为过分授权而动摇自己的位置的，相反，他会通过授权使自己的工作趋向于完美。

其实，授权与单纯的分派任务不同。分派任务只是让下属照你的吩咐去做，他是被动的；而授权则是把整个事情委托给他，同时交付足

够的权力让他做必要的决定。这有助于增强他的荣誉感，使他有成就感。比如，你要某人去印一个小册子，你就不必再交代一些有关形式、封面、附图等方面的详细意见，而是让他自己去选择、决定，相信他会把工作做得很好，而且他会引以为荣。适当授权能够提高整个团队的工作效率。

当然，授权并非一蹴而就，不能以为说一句“这件事交给你”就完成了授权。授权一事需要授权者和被授权者双方密切地合作，彼此态度诚恳，相互沟通了解。在授权的时候，授权者必须有心理准备，明确授予下属完成任务所必需的权力和责任，使他完全理解自己的任务、权力和责任。做到这些后，就要让接任者按照他自己的方式处理事情，不要随意干涉，并且要随时给予支持、扶助。合理地授权并非对下属放任自流、撒手不管。授权者要保留监督的权利，在受权者出现不可原谅的错误时，及时取消他的受权资格。

合理地授权，有利于调动下属在工作中的积极性、主动性和创造性，激发下属的工作情绪，增长其才干，使上级领导的思想意图为群体成员所接受。善于授权的企业领导能够创造一种“领导气候”，使下属在此“气候”中自愿从事富有挑战意义的工作。授权可以发现人才、利用人才、锻炼人才，使企业的工作呈现一个朝气蓬勃、生龙活虎的局面。

掌握正确的授权方法

不同的授权方法会产生不同的效果，我们应当掌握正确的授权方法。授权的方法按照不同的维度，有不同的划分方法。按照授权受制约的程度，授权的方法有：充分授权、不充分授权、弹性授权、制约授权。

充分授权是指管理者在向其下属分派职责的同时，并不明确赋予下属这样或那样的具体权力，而是让下属在管理者权力许可的范围之内，自由、充分地发挥其主观能动性，自己拟订履行职责的行动方案。这种授权的方式虽然没有具体授权，但在事实上几乎等于将管理者自己的权力（针对特定的工作和任务的）部分下放给其下属。充分授权的最显著优点在于能使下属在履行职责的工作中实现自身价值，获得较大的满足，最大可能地调动下属的主观能动性和创造性。对于授权管理者而言则大大减少了许多不必要的工作量。充分授权是授权中的“高难度特技动作”，一般只在特定情况下使用，要求授权对象是具有很高素质和责任心的下属。

不充分授权是指管理者对其下属分派职责的同时，赋予其部分权限。根据所授下属权限的大小，不充分授权又可以分为以下几种具体情况：

（1）让下属了解情况后，由领导者作出最后的决策。

（2）让下属提出详细的行动方案，由领导者最后选择。

（3）让下属提出详细的行动计划，由领导者审批。

（4）让下属果断采取行动前及时报告领导者。

（5）让下属采取行动后，将行动的结果报告领导者。

不充分授权是现实生活中最普遍存在的授权形式，它的特点是较为灵活，可因人而异、因事制宜，采取不同的具体方式。但它同时要求上级和下级、管理者和被管理者之间必须事先明确所采取的具体授权形式。

弹性授权是综合充分授权和不充分授权两种形式而成的一种混合的授权方式。弹性授权是根据工作的内容将下属履行职责的过程划分为若干阶段。在不同的阶段采取不同的授权方式。弹性授权的精髓在于动态授权的原理。弹性授权具有较强的适应性，当工作条件、内容等发生了变化时，管理者可及时调整授权方式以利于工作的顺利进行。管理者在应用弹性授权时的技巧在于保持与下属的及时协调，加强双向的沟通。

制约授权是指管理者将职责和权力同时委托和分派给不同的几个下属，以形成下属之间相互制约地履行其职责的关系。如会计制度上的相互牵制原则。制约授权形式的应用要求管理者准确地判断和把握使用的场合。它一般只适用于那些性质重要、容易出现疏忽的工作之中。制约授权在应用中的另一个要点在于，警惕制约授权可能带来的负面效应，过分地制约授权会抑制下属的积极性，不利于提高处理工作的效率。制约授权作为较特殊的一种授权方法，一般要求与其他授权方法配合使用，取其利，去其弊。

吉尔伯特定律：人们喜欢为他们喜欢的人做事

士为知己者死

春秋战国时期，有多少勇士只为报答某人的知遇之恩，而肯为这人舍生赴死。再如诸葛亮，这么有智慧的一个人，为了不辜负刘备的“三顾茅庐”之情，即使刘禅是“扶不起的阿斗”，也依然为蜀国的强大鞠躬尽瘁。所以，无论是文人还是武士，只要你懂得欣赏他，他就不会辜负你的欣赏。现代企业管理也要借鉴古时御人之道。懂得欣赏和赞美自己的员工，让他们把你当做赏识他们的知己，他们就会不顾一切地为你卖命。

每个人都需要鼓励和赞美，都需要认可和欣赏。美国著名女企业家玛丽凯经理曾说过：“世界上有两件东西比金钱和性更为人们所需——认可与赞美。”金钱虽然可以激励你的员工去为你工作，但金钱不是万能的，而赞美却恰好可以弥补它的不足。其实，无论表面上看起来如何，每个人的内心深处都有比较强的自尊心和荣誉感，他们需要表扬和赞同。认可和赞同，是一种共鸣，会让人产生一种知己感，这样很容易让对方喜欢你。有些人对自己不是那么自信，特别是普通的员工，如果得到领导的赏识和认可，他们会由衷地为你好好地工作。

不时地关心和爱护自己的员工，让员工感觉到自己的价值和重要性。

战国时期，有“第一名将”之称的吴起，是个爱兵如子的将领。换句话说，正因为他爱兵如子，才使他成为第一名将。他对将士无微不至的关怀，使这些将士成为他的死士，除非战死沙场，不然绝不回头。一次，在他带兵出征的途中，一位士兵身上长了毒疮，疼痛难忍，苦不堪言，夜不能寐。吴起巡营时发现了这一现象，二话不说，蹲下来就为这位士兵吸吮毒疮里的脓血。这位士兵的母亲听说这事以后，在家号啕大哭。别人以为她是被吴将军的行为感动的，而她却哭诉道：“我的丈夫，就是因为吴将军为其吸吮伤口，他不到战死绝不回头。而今日吴将军又为我儿子吮血，我真不知我儿子要死在哪里啊！”吴起果真是位爱兵如子的大将，而士为知己死，也成全了他战无不胜的美名。

作为一名管理者，就应该时刻关心自己的员工，像关心自己的顾客一样。只有真心对待自己的员工，员工才会真心地对待顾客。你对员工的每一丝关爱，他们都会记在心里，用自己的工作成绩来回报你的关心；如果你对员工不闻不问，那么他们也会用相应的工作态度来回报你的苛刻和冷漠。真诚待人，才能得到真正地拥护。企业应该像一个家庭一样，充满爱，充满和谐。所以，领导要多关心自己的员工，懂得欣赏和认可自己的员工。

懂得欣赏和赞美下属

作为一个领导者，不能只是颐指气使，对下属吆五喝六，更要懂得欣赏和赞美下属。人人都渴望别人欣赏和赞美自己，俗话说：“好话不嫌多。”领导者不要吝啬自己的溢美之词，要多多鼓励和赞美自己的员工，这样他们才会心情愉快地为你卖力工作。

当你看到自己的下属工作出现问题时，你一定要想清楚，该选择哪种方式来对待他，对待他所犯的错误：鼓励还是批评？赞美还是打击？

从前，有一个伟大的妈妈。她从不批评自己的儿子，无论儿子的老师告诉她，儿子表现有多差，她依然是鼓励和赞美自己的儿子，结果这个儿子最后考上了清华。这就是鼓励和赞美的力量。

在儿子上幼儿园时，他的老师向她抱怨："你的儿子有多动症，在板凳上连 3 分钟都坐不了，你最好带他去医院看一看。"她很伤心，但却对自己的儿子说："老师表扬了你，说宝宝原来在板凳上坐不了 1 分钟，现在能坐 3 分钟。其他妈妈都非常羡慕我，因为全班只有宝宝进步了。"

当儿子上小学时，老师又在家长会上对她说："这次数学考试，全班 50 名同学，你儿子排第 40 名，我们怀疑他的智商有点问题，您最好能带他去医院查一查。"她哭了，但却对儿子说："老师对你充满信心，说你不是个笨孩子，只要你能细心点，肯定能超过你的同桌，这次你的同桌排在第 23 名。"

儿子上初中时，家长会上她静静地等待"挨批"。可到最后，老师也没有点儿子的名字。她有些不习惯，临别时去问老师，老师告诉她："按你儿子现在的成绩，考重点高中有点危险。"她惊喜万分，对儿子说："你们老师对你非常满意，说只要你努力，考重点高中肯定没问题。"

儿子上了重点高中，成绩平平，但她却对儿子说："你们老师觉得你的潜力很大，只要运用得当，肯定能考上清华，妈妈也相信你一定能考上清华。"

儿子高中毕业，第一批大学录取通知书下达，儿子从学校回来，把一封印有清华大学招生办公室的特快专递交到她的手里，哽咽着对她说了这样一句话："妈妈，我知道我不是个聪明的孩子。这个世界上只有你能欣赏我，所以我永远不会让你失望的。"

一连串的鼓励和赞美，就能创造出一个伟大的奇迹。如果你能像那位母亲欣赏自己的儿子一样欣赏自己的员工，像那位母亲鼓励和赞美自己的儿子那样鼓励和赞美自己的员工，那么你肯定会拥有世界上最强大的团队，最忠心最能干的员工。

人们喜欢为自己喜欢的人工作，因为他们懂得欣赏和赞美自己。一名员工在一个公司工作，能够时刻感受到价值，会让他工作热情倍增，工作效率大大提高。

作为管理者，就要时刻让自己的员工感受到自己的价值，自己的重要性和成就感。这就需要通过不断地认可、鼓励和赞美来完成。想要自己的员工成为全世界最好的员工，那么你就要把他们当做最好的员工来对待，认可、鼓励和赞美是你培养和拥有最好员工的法宝。

MURPHY'S

LAW

第八章

家庭教育定律

自尊定律：孩子也有自尊心

对待孩子，批评与惩罚要科学

关于教育孩子的问题，很多家长都感到头痛，不知如何把握批评与惩罚的“度”，不知采用什么样的方法才能达到教育的真正目的。那么，我们先来看看美国前总统里根的经历。

12 岁那年，年少的里根在家附近踢足球，可是，一不小心打碎了邻居家的一块玻璃。邻居对里根说，我这块玻璃是花 12.5 美元买的，你把它打破了要赔偿。那是在 1923 年，12.5 美元可以买 125 只鸡。

里根没办法，只好回家找爸爸。爸爸平和地对里根说，玻璃是你打碎的，那你就得赔，没有钱，我借给你，一年后还。里根照办了。

在接下来的一年里，里根通过擦皮鞋、送报纸打工挣钱，终于挣了 12.5 美元，还给了父亲。

后来，里根成了美国总统，在回忆录里讲述了这个故事，他说，这次惩罚让他懂得了什么是责任，懂得了每个人都应该为自己的过失负责。

里根的父亲没有谩骂，也没有喋喋不休地指责，反而实现了自己教育孩子的目的。

当孩子犯错的时候，我们不要不依不饶地训斥孩子，应该让孩子自己谈一谈错在哪里。平静地听孩子说，给孩子表达自己想法的机会。要知道，孩子叙述的过程，其实也是一个很好的反省过程。

当然了，这并不等于家长只能做听众，必要时也可以对孩子进行惩罚，正所谓“没有惩罚就没有完整的教育，没有惩罚的教育就是脆弱的教育、不负责任的教育”。但是，惩罚要讲究科学，要让孩子知道自己犯了错误，并因此而感到愧疚。像里根的父亲那样，让孩子学会自己承担责任，让孩子通过努力改正错误，弥补过失。

实际教育过程中，很多父母都有类似的体会：当我们被频频告诫要尊重孩子，给孩子民主和自由的时候，我们正陷入一种困境，即当孩子做出一些恼人的事情或者有无理要求时，例如，央求父母买这买那、不能按时完成作业、过度迷恋上网及游戏等，我们该怎么办呢？为什么劝阻是那么无力？为什么我们的语重心长在孩子面前是那样的苍白？

其实，教育就是帮助孩子改正缺点。如果父母不能对孩子的不当行为进行约束，不忍心对孩子说一声“不”，这样的教育就是放弃责任的教育。

例如，有的孩子常常打断大人的谈话，提高嗓门、拽着别人的衣服插话，以吸引别人的注意。如果你在家里常迁就他的这种行为，他自然不会想到，在外面应该有另一套行为规则。因此，我们在教育孩子的时候，应该保证家庭和社会的行为规则一致，拒绝孩子私下的犯规行为实际上是在帮助他掌握统一的“游戏规则”，提高他的社会适应能力。

还有，要像里根的父亲那样，培养孩子的责任意识。

自己的事情自己负责，我们希望孩子能这么做。有些孩子上学忘记带课本，在学校受到老师的批评，回家就对父母哭闹，责怪父母把他的东西乱放，他找不到了，或早上起来晚了，忘记带了……为什么不及时给他送到学校？其实，父母应该拒绝孩子这种推卸责任的要求，让他试着承受对自己不负责带来的不悦感。

需要注意的是，在所有这些教育的过程中，父母应像里根的父亲一样平和、理智。科学地批评和惩罚，不但不会伤害孩子的自尊心，反而会提升父母在孩子心中的威信，同时也使孩子懂得更多生活和做人的道理，对他们的成长大有裨益。

定律链接：向孩子说“不”的原则

身为家长，我们在对孩子说“不”的时候，可遵守以下原则：

（1）当孩子在进行我们不喜欢的行为时，除了给孩子语言上的告诫以外，还要引导孩子去做一些有意义的事情。

（2）约束来自于规矩。我们要把孩子培养成对自己行为负责的人，就要给孩子订立一些适合孩子年龄特点及性格特点的规矩。父母可以与孩子一起制定各种规矩，如吃饭、看电视、写作业、买东西等方面的规矩。

（3）冷静地对待孩子的某些言行，例如，当孩子无理取闹时，你要用平静的口气表达你的心情以及对孩子的要求，使孩子从你的态度中了解到，无理纠缠是没有用的。

（4）当孩子提出一些无理要求或者出现一些不合适的行为时，如果你认为不可以，就要明确地拒绝孩子。同时，告诉孩子你拒绝他的理由。

（5）对孩子说了“不”，就要坚持到底。你可以给他一些警告，也可以对他的哭闹置之不理，还可以让他在某个地方冷静一会儿，千万不要动摇你的立场。

蔡加尼克效应：调动孩子渴求度，让孩子念念不忘

弄清记忆规律，避开教育心理误区

生活中，我们常常遇到这样的情景：

球赛枯燥乏味，球迷还是看到终场；电影无聊透顶，观众还是等到闭

幕才悉数离场；手中的书如同鸡肋，我们仍然期待下一刻会有惊喜……

很多电视剧的忠实“粉丝”对节目中插播的广告甚为反感，但是，又不得不硬着头皮看完。因为广告插进来时剧情正发展到紧要处，实在不舍得换台，生怕错过了关键部分，于是只能忍着，一条、两条……直到看完第N条后长叹一口气：“还没完呀？”

不得不承认，这广告的插播时间选得着实精妙。其实说穿了，就是广告商摸透了观众的心理，让你欲罢不能。

很多事情就是这样，不完成似乎就心有不甘。想想，记忆中最深刻的感情，是不是没有结局的那一桩？印象中最漂亮的衣服，是不是没有买下的那一件？最近心头飘着的，是不是那些等你完成的任务？

在工作中我们常常遇到这样的情况：

我们经常会在备忘录上记下重要的会议，但是到最后还是忘记了。因为我们以为记下来了就万事大吉，紧张的神经松弛下来，最后连备忘录都忘了看。在打电话之前，我们能清楚地记得想要拨打的电话号码，打完之后却总也想不起来刚才拨过的号码。

其实，这都是一种被称为“蔡加尼克效应”的心理现象在起作用。

1927年，心理学家蔡加尼克做了一系列有关记忆的实验。

他给参加实验的每个人布置了15～22个难易程度不同的任务，比如写一首自己喜欢的诗词，将一些不同颜色和形状的珠子按一定模式用线串起来，完成拼板，演算数学题等等。完成这些任务所需的时间是大致相等的，其中一半的任务能顺利地完成，而另一半任务在进行的中途会被打断，要求被试停下来去做其他的事情。在实验结束的时候，要求他们每个人回忆所做过的事情。结果十分有趣，在被回忆起来的任务中，有68%是被中止而未完成的任务，而已完成的任务只占32%。这种对未完成工作的记忆优于对已完成工作的记忆的现象，被称为“蔡加尼克效应”。

之所以会出现这样的现象，是由于我们在做一件事情的时候，会在心里产生一个张力系统，这个系统往往使我们处于紧张的心理状态之中。当工作没有完成就被中断的时候，这种紧张状态仍然会维持一段时间，使得这个未完成的任务一直压在心头；而一旦这个任务完成了，那么这种紧张的状态就会得以松弛，原来做了的事情就容易被忘记。

蔡加尼克效应说明，当心理任务被迫中断时，人们就会对未完成的任务念念不忘，从而产生较高的渴求度，这就是人们常说的：越是得不到的东西，越觉得宝贵；而轻易就能得到的，就会弃之如敝屣。

对于一个人，尤其是孩子，不能让他的愿望过早地得到满足，得到了可能就不会再珍惜了。所以，在教育孩子的过程中，不能一股脑儿地将知识灌输给孩子，而应该分阶段地给孩子讲解，让他们有意犹未尽的感觉。其实这也符合人们的记忆规律，人的大脑总是记住一些需要加工的内容，将之放在工作记忆中，就像是电脑的内存一样，而对于已经完成或将要完成的内容大脑则会有意地去遗忘。

巧妙运用蔡加尼克效应，让孩子对知识如饥似渴

“玉不琢，不成器；人不学，不知道。”孩子是一张白纸，需要家长用知识的画笔去描绘。但是，在教授知识的过程中，必须讲究方式方法，否则会让孩子对知识产生厌烦心理，失去学习兴趣。在教导孩子的过程中，有些家长喜欢连续不断地讲授知识，虽然这种精神让人敬佩，这种心情也可以理解，但其效果却常令人不敢恭维：讲到哪里，孩子就忘到哪里。

为什么会产生这种吃力不讨好的现象呢？主要是因为家长忽视了孩子的心理发展水平。此外，还有另外一个微妙的因素，那就是许多家长不知道“蔡加尼克效应”的作用。家长如果谙熟这种效应的特性，就不会滔滔不绝地讲个不停，让孩子产生厌烦情绪了。因此，我们可

以把这种微妙的心理机制应用到教育孩子上来，让孩子开心地学习。

按照蔡加尼克效应，家长在教育孩子的过程中，无论是教授知识还是讲述做人的道理，在讲到关键处不妨稍作停顿或者让孩子谈一下看法，这样孩子就会对知识或道理产生浓厚的兴趣，从而对这个关键点产生深刻的记忆。事实上，突出关键点的方法很多，可以重复强化，可以详细阐述等，而最有效的方法就是戛然而止不再讲解，这使孩子的求知欲受到阻碍，反而会让孩子产生迫不及待的求知心理。他的求知欲已经被激发，这时候的教育效果就会比较理想了。

为什么这种半途而止的讲解要比滔滔不绝地讲解更利于教育孩子呢？原因在于后者所引起的张力系统业已松弛，而前者所引起的张力系统则仍在继续。可见，蔡加尼克效应在教育孩子时有重要意义，家长应积极加以开发与应用。同样，教师在讲课时若能够运用蔡加尼克效应，也会提高讲课效率。

所以，蔡加尼克效应提醒家长应该注重挫折教育，必要的时候给孩子一点打击，对孩子的成长有百利而无一害。

定律链接：教育孩子做事不半途而废，我们需要注意什么

我们应怎样教育孩子做事不半途而废呢？以下几点家长们应注意：

（1）注意孩子意志力的培养。对于意志力差的孩子，应注意激励培养他，使其具有要把一件事做完的想法。

（2）做好表率。我们首先要做事完完整整，不半途而废，并注意让孩子模仿，同时经常提醒孩子注意父母做事是怎样坚持到底的。

（3）在关键时刻给予孩子指导和提示。这不是代替而是帮助孩子想办法，以防孩子碰到解决不了的问题时灰心丧气。可采用鼓励与批评相结合的方法，并监督孩子独立地做完某件事。这样长期坚持下去，孩子的能力提高了，习惯养成了，做事也不再半途而废了。

动机适度定律：给角色压力一个出口

“减压”比“拼命学习”更重要

一位老师谈起她上学那会儿的事：

我上初中的时候，我们当地流行从初中考中专中的师范，这在当时是一条“鲤鱼跳龙门”的捷径。当时的竞争非常激烈，很多人都挤这条“独木桥”。

我的一个同学是复读生，她这已经是第5次复读了，前几次都是以几分之差与师范学校失之交臂。她虽然非常努力，但学习却总是不见成效。这使她对自己的整个知识基础产生了怀疑，总是一幅压力重重的样子。

一次期中考试，我考了全年级第十，已经是应届生中的第一名。初三上学期的期末考试，我竟然拿了个全年级第一。当时我也挺纳闷，平时班里很多同学对知识的掌握水平比我强，我也没有超常发挥，为什么远远地把别人抛在后面了？后来我突然明白，肯定是很多优秀的学生被这两次考试吓住了！尤其是很多复读生，他们比应届生多上1年，甚至是6年学，他们头脑中的知识本该记得很牢，可是他们自己或家长对他们施加的压力太大，使他们不能很好地发挥自己的水平！“减压”绝对是成功的秘诀。我与那位女生分享了我的发现。

明白这个道理后，在以后的日子里，我睡得好，吃得香，尽情地玩，轻松地学，最后终于考上了我心仪的重点高中。而我的那个女同学，今年也发生了质的改变，她考试的分数远远地超出了中专线几十分。我明白这其中的真正原因是：减压！

事实就是这样，如果人的动机过强，就容易变得紧张，思维局促，甚至在极端的情况下，大脑会一片空白，这样的情况，当然不利于发挥水平了。只有在动机适度，人比较放松的情况下，人的能力才会得到充分的发挥。

所谓的"动机"指的是人渴望完成任务的程度。心理学家认为人的各种活动多存在一个最佳的动机水平，动机不足或者过分强烈，都不是一种好现象。比如，一个整日混日子，没有什么理想的学生，很难有学习的兴趣；而一个对学习抱有太大的期待，过分追求学习功利性，学习动机过强的学生，势必会为自己制造巨大的压力，最终影响到学习效率，而学习效率的下降，反过来又会增加他的压力。

动机过强和过弱都不好，那么什么样的动机水平才是最适度的呢？美国心理学家耶克斯和多德森认为，中等程度的动机激励水平最有利于效果的提高。

培养合理的心理动机，提高孩子生活质量

爱因斯坦曾说过："情感和愿望是人类一切努力和创造背后的动力。"由此，在教育孩子的过程中，我们要让其学会"为自己而玩"。

一群孩子在一位老人家门前的一大片草地上嬉闹着，像一群小鸟一样，叽叽喳喳地喊个不停。几天之后，老人实在难以忍受了，他决定采取行动。

于是，他出来给了每个孩子25美分，对他们说："你们让这儿变得很热闹，我觉得自己年轻了不少，这点钱表示谢意。"

孩子们很高兴，第二天仍然来了，一如既往地嬉闹。老人再出来，给了每个孩子15美分。他解释说，自己没有收入，只能少给一些。15美分也还可以吧，孩子仍然兴高采烈地走了。

第三天，老人只给了每个孩子5美分。

孩子们勃然大怒："一天才5美分，知不知道我们多辛苦！"他们向老人发誓，他们再也不会为他玩了！

转过身，老人露出了笑容，心里无限放松。

人的动机可分为两种：内部动机和外部动机。如果按照内部动机去行动，我们就是自己的主人。但是一旦我们被外部动机驱使，就会为外部因素所左右，从而成为它的奴隶，正如寓言中的孩子们一样。

当孩子被学习中的外部因素干扰，不想继续努力时，我们应引导他们多想想，自己在"为谁而玩"？

下面，我们再来看一个和时间赛跑的孩子的故事。

安德烈的祖母过世了，读小学的安德烈心里非常难过，因为祖母生前最疼爱他，因此他每天在学校操场上一圈又一圈地跑着，跑得累倒在地上，扑在草坪上痛哭。

那哀痛的日子断断续续地维持了很久，爸爸妈妈也不知道如何安慰他。他们知道与其骗儿子说祖母睡着了（可那总有一天要醒来），还不如说实话：祖母永远不会回来了。

"什么是永远不会回来呢？"安德烈问着。

"所有时间里的事物，都永远不会回来，昨天一旦过去，它就永远变成昨天，你不能再回到昨天。爸爸以前也和你一样小，现在也不能回到你这么小的童年了；有一天你会长大，你会像祖母一样老；有一天你度过了你的时间，就永远不能回来了。"爸爸说。

以后，安德烈每天放学回家，在家里的庭院里面看着太阳慢慢地沉到地平线以下，就知道一天真的过完了，虽然明天还会有新的太阳，但永远不会有今天的太阳了。

时间过得飞快，在安德烈幼小的心里不只是着急，还有悲伤。有一天，他放学回家，看到太阳快落山了，就下决心说："我要比太阳更快地回家。”他狂奔回去，站在庭院前喘气的时候，看到太阳还露着半边脸，就高兴地跳跃起来，那一天他觉得自己跑赢了太阳。以后他就时常做那样的游戏，有时和太阳赛跑，有时和风比快，有时一个暑假才能完成的作业，他 10 天就做完了。那时他三年级，常常把五年级的作业拿来做。

每一次比赛胜过时间，安德烈就快乐得不知道怎么形容。

在他渐渐长大的日子里，和时间赛跑让他受益无穷，虽然他知道人永远跑不过时间，但是人可以比自己原有的时间跑快一步，如果跑得快，有时可以快好几步。那几步看起来也许很小，但是用途却很大。

这也是一个关于内部动机的故事，安德烈由祖母的死亡认识到了时间的流逝只能给自己带来悲伤，基于这一想法，他开始与时间赛跑。事实就是这样，只要你心中有渴望，你不仅会战胜时间，而且还会战胜自己。

总之，合格的父母，应懂得如何在生活中培养孩子合理的心理动机，从而提高孩子的生活质量。

定律链接：培养孩子的好习惯，实现其“自我监督”

给孩子太大的压力，会使他精神紧张，甚至与父母的期望背道而驰。当学校老师为孩子施加压力，让父母监督孩子学习时，父母最好不要让老师牵着鼻子走，而要做到“不管”和“不说”。孩子们已经够累了，就让他们在这种“不管”、“不说”中学会自我监督、自我放松吧！

很多家长会问：“让孩子自觉，哪儿那么容易啊？”对此，专业人士指出，培养孩子自我监督，关键在于培养孩子的好习惯。一个好的习惯可以让孩子终生受用，孩子一旦养成这种好习惯，长大后便会一直坚持下去。

作为父母，应从以下 4 方面对孩子加以培养：

1. 培养孩子独立思考的习惯。

很多家长对孩子特别关注，照顾得更是细致入微，恨不得每次孩子遇到问题时，都能自己挂帅上阵，亲自指挥其“作战”，有时还会“并肩作战”。殊不知，在教育孩子的过程中，重要的不是教会孩子一道题怎样解决，而是要告诉他们解决问题的方法，培养孩子独立思考的能力至关重要。

2. 培养孩子思维活跃的好习惯。

我们不要以大人的眼光来看待孩子的提问，要善于培养孩子勤思考的优点，对他们的提问进行恰当的鼓励与表扬，并能及时更正孩子的错误想法。对孩子接触的事物家长要多讲，多启发诱导，千万不要对孩子的提问不理不睬，这样会使孩子有问题也不敢问。

3. 培养孩子专心致志的好习惯。

孩子入学之后，我们应懂得严格要求并经常提醒孩子们：在上课时，一定要用心听讲，聚精会神，不要做小动作，更不要说话影响别人听课等。回到家时，我们要给孩子创造一个适合孩子学习的环境，让孩子养成放学及时做作业，按规定时间完成作业之后再做其他事情的好习惯。

4. 培养孩子认真细致的好习惯。

在孩子成长过程中，我们要从小就培养孩子认真细致的好习惯，具体可以通过提高孩子责任感来进行，如从一年级开始，就应要求孩子养成检查的习惯。

詹森效应：教会孩子用平常心对待得失

小考“战果累累”，大考“一败涂地”

詹森是一名运动员，他平时训练有素，实力雄厚，每次测试成绩都很好，但是他一到了赛场上就连连失利，根本发挥不出平时的水平。心理学家把这种平时表现良好，但由于缺乏应有的心理素质而导致竞技场上失败的现象为詹森效应。詹森效应是人的一种浅层的心理疾病，就是将现有的困境无限放大的心理异常现象。

詹森效应在学生群体中比较常见。有些名列前茅的学生在大考中屡屡失利，细细想来，“实力雄厚”与“赛场失误”之间的唯一解释只能是心理素质问题，但最本质的是得失心过重和自信心不足。有些人平时“战绩累累”，卓然出众，久而久之，他们会形成一种心理定势：只能成功不能失败。再加之赛场的特殊性，周围人群对他的深切厚望，使他背负上沉重的心理包袱，患得患失。被如此强烈的心理得失困扰，最终很难发挥出自己的真实水平。

某报曾经接到一位学生家长发来的“求救”邮件：我的孩子即将参加高考。想想3年前孩子中考时的情况，我不由得忧心忡忡。3年前，我的孩子在班级乃至学校都是佼佼者，但这个孩子比较内向，心理素质较差，平时成绩很好，一到大考成绩就一落千丈，中考成绩“超低水平”发挥，只勉强考上了普通中学。孩子没办法面对这个现实，整天把自己关在房间里，消沉了许久。现在，3年过去了，我的孩子在这所普通中学表现很好，年年都获得“三好生”称号。如果正常发挥，孩子上本科甚至重点都没问题，但如果改变不了心理素质差的毛病，成绩难以预料。我们真担心，在高考那种更紧张的气氛中，孩子能否承受得住。真希望你们能帮我想想办法！

还有一名学生，连续两年参加高考，均因在考场上过度紧张而落榜，而按平时的考试成绩，他是完全可以进重点院校的。第一次高考，考数学时，有一道题他平时没见过，因此紧张起来，心跳加快，呼吸急促，神情慌乱，双眼模糊，看不清试卷，结果以3分之差落榜。经过一年的刻苦学习，他又走进了高考的考场。但一进考场，他又被笼罩在一种无形的紧张气氛中，明明会答的题目，甚至平时熟悉的题目都变得陌生起来，结果又以7分之差落榜……

上述两名考生显然陷入了“詹森效应”的怪圈，以至于小考“战果累累”，大考“一败涂地”。作为家长，我们有必要在这方面对孩子加以关注。

自我调节，消融紧张

心理学家认为，紧张是一种有效的反应方式，是应付外界刺激和困难的一种准备，有了这种准备，便可产生应付刺激的力量，因此紧张并不全是坏事。然而，持续的紧张状态则能严重扰乱机体内部的平衡，会给身心健康带来无法估量的损害，所以我们要教会孩子，如何通过自我调节，克服这种心理。

如何克服紧张心理，具体可以尝试以下几种方法：

1. 暂时避开

当事情不顺利时，让孩子暂时避开一下，去看看电影或一本书，或做做游戏，或去随便走走，改变环境，能使其感到松弛。强迫孩子“保持原来的情况，忍受下去”，无非是在惩罚孩子。当孩子的情绪趋于平静，而且和其他相关的人均处于良好的状态，可以解决问题时，再让孩子回来，着手解决问题，往往就会收到良好的效果了。

2. 每天晚上做一次反省

让孩子学着这样思考：“我感觉有多累？如果我觉得累，那不是因为劳心的缘故，而是我工作的方法不对。”丹尼尔·乔塞林说过：“我不以自己疲累的程度去衡量工作绩效，而用不累的程度去衡量。”他说：“一到晚上觉得特别累或容易发脾气，我就知道当天工作的质量不佳。”如果全世界的人都懂得这个道理，那么，因过度紧张所引起的高血压死亡率就会在一夜之间下降，我们的精神病院和疗养院也不会人满为患了。

3. 谦让

如果你的孩子经常与人争吵，就要考虑他是否过分主观或固执。要知道，这类争吵将会对周围人的行为带来不良的影响。孩子可以坚持自己正确的东西，静静地去做，但给自己留有余地仍是必要的，因为他自己也可能是错误的。即使是绝对正确的，他也可按照自己的方式稍作谦让。这样做了以后，他通常会发觉别人也会这样做的。

4. 尽量在舒适的情况下学习

记住，身体的紧张会导致肩痛和精神疲劳。人生有压力是不可避免的，谁还没有个烦琐难熬的事儿呢？既然明白了这一点，就要学会让孩子自我“减压”，举重若轻，化解紧张。同时，还可以用抑制下来的精力去做一些有意义的事情。

5. 把烦恼说出来

当有什么事烦扰孩子的时候，应该引导其说出来，不要存在心里。让孩子试着把烦恼向父亲或母亲、老师、学校辅导员等倾诉，他心里往往就会舒服很多。

定律链接：帮孩子走出“詹森怪圈”

孩子陷入“詹森怪圈”最主要的原因是对考试期望值过高，而又缺乏自信，只想成功，又怕失败，患得患失，压力过大，结果造成大脑皮层兴奋与抑制过程失衡，自主神经功能紊乱，各种症状随之而生。其实只要对症下药即可帮孩子改善这种状况。

放松 + 淡化考试结果 + 精力集中 + 积极情绪 + 肯定的心理暗示，可以解决自信心不足和消除患得患失症状。

1. 放松

英国心理专家指出，对孩子们来说，“虚度光阴”也是一种休息和能量储备的过程，大人对孩子的过多安排会扼杀孩子的独立性和创造力。专家呼吁，应该允许孩子在一定程度上“虚度光阴”，从而使孩子放松身心。例如，让孩子玩一些他们喜欢玩的游戏，带他们去游乐园等等。

2. 淡化考试结果

我们要多关注孩子的学习过程，适当地淡化结果，因为考试毕竟有偶然因素在里面，只要孩子有一个努力学习的过程，我们就可以适当地淡化结果。

3. 精力集中

培养孩子精力集中，一方面，家长应以身作则。我们可从小就每天定时给孩子读书，陪孩子画画，跟孩子一起听录音故事，甚至做孩子的玩伴，与他做一些智力游戏，言传身教地训练他安静专心地做一件事，那么你的孩子也会认真、专注地做事。另一方面，我们不要轻易打扰孩子。如孩子玩游戏时全身投入，正是在培养聚精会神的习惯，此时我们切不可任意打扰、干涉和打断。

4. 积极情绪

积极的情绪能促进孩子的身心健康发展。著名心理学家法迪斯说："在孩子学会语言之前，他们是从感情的氛围来下结论的：这个世界是一个忧虑、愤怒的地方，还是一个安全、愉快的地方？"所以，我们平时就要给孩子一种温暖的感觉，哪怕是无意中流露的一句关怀的、鼓励的、赞赏的话，也会使孩子从中受到莫大的鼓舞，感到无限的快乐。

5. 肯定的心理暗示

在智力方面，我们要通过暗示使孩子相信自己是聪明的、有创造力的。在心理素质方面，我们要通过暗示使孩子相信自己是坚强的、自信的、勇敢的、有社会适应能力的。在健康方面，我们要通过暗示使孩子相信自己是健康的，并且会越来越健康，同时使孩子树立"健康光荣"的新观念。

总之，家长的平常心 + 适当的期待，才是治疗"詹森病"的良药。

MURPHY'S
LAW

第九章

幸福生活定律

罗伯特定理：走出消极漩涡，不要被自己打败

世上没有过不去的坎

这个世界上没有人能把你打倒，除了你自己；这个世界上没有什么困难能难得倒你，除非你自己放弃。人生道路漫漫，坎坷重重，遇到挫折摔一跤，是在所难免的，只是当我们面对挫折时，应当无所畏惧，愈挫愈勇。现在我还记得小时候妈妈说的一句话："跌倒了，自己爬起来！"

无论遇到什么境况，都不应该放弃自己，对自己失去信心。有这么一则故事：

一天傍晚，一位美丽的少妇坐在岸边的一棵大树旁，梳洗着自己的头发，一位老渔夫在湖边泛舟打鱼，这本来是多么美丽的一幅风景画。可是，当渔夫撑船准备划向湖心时，突然听到身后传来"扑通"一声，老渔夫回头一看，原来是那位美丽的妇人投河自尽了。老渔夫急忙调转船头，向少妇落水的地方划去，跳进水里，救起了少妇。渔夫不解地问少妇："你年纪轻轻的，为什么寻短见呢？"少妇哭诉道："我结婚才两年，丈夫就遗弃了我，接着孩子又病死了，您说我活着还有什么意思？""两年前你是怎么生活的？"渔夫问。少妇想了想，眼睛一下变亮了："那时我自由自在，无忧无虑，生活得无比幸福……""那时你有丈夫和孩子吗？""当然没有。""可是现在，你同样是没有丈夫和孩子呀！你只不过是又回到了两年前的状态，现在你又自由自在，无忧无虑了。记住，孩子，那些结束对你来讲应该是一个

新的起点。”少妇仔细想了想，猛然醒悟，她回到了岸上，望着远去的老渔夫，她心中又燃起了新的生活希望，从此再也没有寻过短见。

这位少妇的人生遭遇的确很不幸，但是真正让她走上绝路的不是这些不幸，而是她自己，是她放弃了自己。其实，人生会遭遇什么，我们无法控制，我们能控制的就是我们自己的心态，如何来看待这些遭遇。“宠辱不惊”是一种境界，“永不放弃”是一种态度。对待我们宝贵的生命，我们应该永不放弃；对待人生的遭遇，我们应该宠辱不惊。

张海迪、桑兰，这些让我们既自豪又羞愧的名字，她们用自己的故事告诉我们：人生，没有过不去的坎，无论怎样，都不能放弃自己。与之形成对比的是，有一些人一遇到困难就萎靡不振，有些人甚至被误以为的灾难给害死了。前几年，看报纸上的一则报道，说一个人得了感冒被误诊为癌症，结果没几天这个人就死了。这个人就是被自己给害死的，他以为自己得了癌症，肯定活不了，自己先放弃了自己，生命自然也就放弃了他。美国作家欧·亨利在他的小说《最后一片叶子》里也讲了个类似的故事，只是故事里那个放弃了自己生命的病人，被一位老画家及时救了回来。这位画家并不是妙手回春的神医，他只是用彩笔画了一片叶脉青翠的树叶挂在病人窗外的树枝上，只因为生命中的这片绿，病人竟奇迹般地活了下来，这就是希望的力量。

人生在世，不可能一切都是一帆风顺的。当你遭遇失败时，当一切似乎都是暗淡无光时，当你的问题看起来似乎不会有什么好的解决办法时，千万不要放弃希望，只要心存信念，勇敢地站起来，你就会看到奇迹发生。

别让悲观遮挡了生命的阳光

有一个对生活极度厌倦的绝望少女，她打算以投湖的方式自杀。在湖边她遇到了一位正在写生的老画家，老画家专心致志地画着一幅画。少女厌恶极了，她鄙薄地看了老画家一眼，心想：幼稚，那鬼一样狰狞的山有什么好画的？那坟场一样荒废的湖有什么好画的？

老画家似乎注意到了少女的存在和情绪，他依然专心致志、神情怡然地画着。过了一会儿，他说："姑娘，来看看画吧。"她走过去，傲慢地睨视着老画家和他手里的画。少女被吸引了，竟然将自杀的事忘得一干二净，她没料到世界上还有那样美丽的画面——他将"坟场一样"的湖面画成了天上的宫殿，将"鬼一样狰狞"的山画成了美丽的、长着翅膀的女人，最后将这幅画命名为《生活》。这时，老画家突然挥笔在这幅美丽的画上点了一些黑点，似污泥，又像蚊蝇。少女惊喜地说：星辰和花瓣！老画家满意地笑了："是啊，美丽的生活是需要我们自己用心发现的呀！"

一个阳光的人，心情乐观开朗，他的人生态度是积极的，不管在工作中还是在生活上，都能很好地完成任务，因此这类人在这段时间里自我价值的实现也就相对比较多。自我价值实现得越多，自我肯定的成就感也就越多，这样就能拥有一个好的心情，形成一个良性循环。相反，一个心情阴暗的人整天愁眉苦脸地面对生活，不管做什么事情都不积极，甚至错误百出，那么他的自我价值的实现就会越来越少，自我否定的因素就会增加，使心情更加消极抑郁，成了一个恶性循环。

世界的色彩是随着我们情绪的变化而变化的，你拥有什么样的心情，世界就会向你呈现什么样的颜色。所以，别让悲观挡住了生命的阳光，当你的心情快乐起来的时候，你的世界将会是朗朗晴空。

古特雷定理：有希望，一切皆有可能

步步为营，才能走出迷宫

1928 年，美国加州专攻园艺的耶鲁大学博士辛柏森，受美国基督新教美以美会的派遣，来到北戴河海滨。他在这里工作、生活了 12 年，创办了东山园艺场，引进了苹果、葡萄、李子、樱桃等 20 多种优良果树；引进了荷兰奶牛、约克夏猪、来航鸡等优良禽畜；还引进和推广了华北绿化先锋灌木——紫穗槐。但真正让他名扬天下的，是他在北戴河建的那座“怪楼”。

“怪楼”其实是幢别墅，只是结构太过离奇古怪，所以在它建好不久，就赢得了“怪楼”的称谓。“怪楼”整体上属于欧洲哥特式建筑，三层五顶，七角八面，楼顶的每一个角，都用花岗岩做成尖形墙垛，直插云霄，非常好看。主要是全楼有 44 个门、46 个窗，屋套屋，间套间，大大小小，相通相连，每间屋的出口都是另一间屋的入口。生人进来，三拐两拐，就很难再找着刚刚进来的那个门。走进中间大厅，四周都是大玻璃镜子，往中间一站，到处都是人影，转上一圈，就很难找到出去的门了。地下室正中有一口水井，围绕着井口，修了一个盘旋式楼梯，贯通上下。这水井，就成了别墅里的温度湿度天然调节器—夏季用来降低气温，冬季用来增加湿度；这楼梯，用藤条和果树干枝做成，走上去，忽忽闪闪，松松软软，颤颤悠悠，真是妙趣横生。从修成之日起，它就成了北戴河的一道瑰丽而神秘的风景线，至今仍吸引许许多多的游人前来参观。

人生也像这怪楼一样，看起来像个迷宫，出口与入口却彼此相通。很多时候，我们会迷茫，会彷徨，会不知所措。其实，人生并没有我们想的那么复杂与无奈，目标与理想也不是那么遥不可及、高不可攀。只要我们弄清楚我们要过什么样的人生，然后把这个终极目标拆分成一个一个的小目标，一步一步地去实现每一个小目标，你会发现在不知不觉中，你曾经认为自己怎样也无法完成的目标，竟然莫名其妙地实现了。

生活是路，要一步一个脚印地走，才能找到出口；人生如歌，要一个音符一个音符地提上去，才能找到你的最高音在哪里。如果你想一口吃个胖子，那现实会告诉你：你是痴心妄想；如果你认为理想只有梦中才能实现，那现实会反驳你：只要一步步地接近，最终你会看到理想就在眼前。

曾经获得两次国际马拉松邀请赛（1984 年东京国际马拉松邀请赛和 1986 年意大利国际马拉松邀请赛）世界冠军的日本选手山田本一，是个性情木讷、不善言谈的人。每次有记者问他为什么可以取得如此惊人的成绩时，他就会说这么一句话：凭智慧战胜对手。他的智慧到底是什么呢？一直到 10 年后，人们在他的自传中才找到这个谜的答案："每次比赛之前，我都要乘车把比赛的线路仔细地看一遍，并把沿途比较醒目的标志画下来，比如第一个标志是银行，第二个标志是一棵大树，第三个标志是一座红房子……这样一直画到赛程的终点。比赛开始后，我就以百米的速度奋力地向第一个目标冲去，等到达第一个目标后，我又以同样的速度向第二个目标冲去。40 多公里的赛程，被我分解成几个小目标轻松地跑完了。起初，我并不懂这样做的道理，我把目标定在 40 多公里外终点线上的那面旗帜上，结果我跑到十几公里时就疲惫不堪了，我被前面那段遥远的路程给吓倒了。"

不断攀登，成功没有顶点

“没有最好只有更好”不仅仅是一句你所听过的广告词，还是一个哲理，一个口号。有一位朋友的口头禅就是“没有最好只有更好”，而且他一直把它当做自己的座右铭，不断地激励自己不停奋进。这一次他的科研论文又成了整个行业学术的引领篇，但对于他来说，这只是下一个目标的起点。《杜拉拉升职记》中的杜拉拉就是这样一个人，在工作上从没有停止过挑战更高的职位，从不满足于目前的状况，提高自己的能力做得更好，不断地攀升，不断地登高。

今天的名人或伟人，都是昨天一步步不停攀登的普通人；今天的跨国大企业，在昨天也往往只是一个家庭小作坊。他们之所以会有今天的骄人成就，就是因为他们在达成一个目标后，不是选择享受已有的成果，而是把这个目标作为下个目标的基础，更上一层楼。一个在事业上成功的人，一般都拥有一颗永不满足的心。日本直销天王中岛薰说道：“我向来认为自己最大的敌人就是满足。成功永远只是起点，而不是终点。”百万富翁想当千万富翁，千万富翁想当亿万富翁，亿万富翁想角逐《财富》排行榜。越成功的人，自信心越强，对成功的欲望越大。成功的人已经把成功看成是一种行为习惯，一种思维习惯。

每个人都想成功，但并不是所有的人都能够成功，其主要原因在于追求成功的方法不对。只要找到正确合理的方法，成功并不难，难的是不断挑战新高峰，不把自己已得的成绩看做成功。

在菲律宾西部海岸，每年秋天，大批南迁的燕子都会从海面上黑压压地飞来，它们欢叫着慢慢靠近海岸，但是人们惊奇地发现，一旦到达海岸和沙滩，许多燕子却都永远地闭上了眼睛。这些经过了长途跋涉的飞行者，没有死于皑皑雪峰，没有死于茫茫大海，没有死于暴风骤雨，却死在了目的地那片细软的沙滩上。著名体育赛事长跑运动马拉松的缔造者——古希腊士兵斐迪辟也是在跑完全程 42.195 千米后再也没有醒来。为什么会发生这样的悲剧？如果沙滩再远两三千米，难道燕子就飞不到了吗？如果雅典再远三五十米，斐迪辟就坚持不住了吗？

答案当然是否定的。这样的悲剧之所以会发生，是因为这些燕子和斐迪辟都把目的地当做最后的终点，当这个目标完成之后，支持他们前行的信念突然消失了，他们的生命也随之终止了。其实，成功都是一时的，它只是我们不断前行的基石。人生的大目标都是不断变化的，就如同珠穆朗玛峰至今仍在不断升高一样。我们要明白：人生真正的意义就在于不断地进取和攀登，要学会忘掉过去的成绩，因为那已成为历史，只有不断站在新的起点，攀登新的高峰，才能实现人生新的价值，要知道成功没有顶点。

迪斯忠告：活在当下最重要

昨天已经过去，明天还未到来

人生说长也长，说短也短。一年 365 天，如果你把每一天都过好了，那你的人生一定会很精彩。但在日常生活中，却有很多人不是沉浸在对过去的思念中，就是陶醉于对未来的向往，忘记了他们是活在今天的。每一个“今天”都这样过去后，你的人生一定只剩下抱怨和空想。

曾经读过一首诗，觉得非常好：“不要为昨天叹息，不要为明天忧虑。因为明天只是个未来，昨天已成为过去。未来的不知是些什么，过去的只能留做记忆。只有今天，才是你真正拥有的。今天，是你冲锋的阵地。缅怀昨天、把握今天、迎接明天。昨天是成功的阶梯，明天是奋斗的继续。”

过去已无法改变，未来还没有到来，你能把握和拥有的只有现在。所以，与其抱怨过去的虚度，坐待明天的到来，不如奋起努力，把握今天。因为今天就在眼前，珍惜今天，不仅可以弥补昨天的不足和遗憾，更能为迎接明天做好准备。

《哈佛图书馆墙上的训言》中讲过一个这样的故事：

在华盛顿街区的一个屋檐下，有3个乞丐正在聊天。

一个乞丐说：“想当年，我用10万美元炒成了百万富翁，要不是股票暴跌……”另一个乞丐说：“那是多久以前的事啦，还提呢。看着吧，我明天早上到垃圾筒里看看，也许那里面就有张百万美元的支票，哈哈……”第三个乞丐没有言语，他独自走到别处，因为他必须先填饱肚子。而此时，那两个乞丐还在回忆着自己辉煌的过去和构想美好的未来呢。

第二天早上，当人们起来时，发现那两个怀念过去和畅想未来的乞丐都已经没气了，而那个寻食的乞丐，正吃得香呢。

这3个乞丐，代表的就是这世间的3种人，一种人活在过去，一种人活在明天，一种人活在当下。活在过去的人，大多是活在过去的光环里，“当年勇”、“昨日功”让他们难以忘记。活在明大的人，都很理想化，没有到来的东西可以任凭我们想象。上了年纪的人，都喜欢提过去，因为他们没有多少明天好活；年轻人大多都喜欢说明天，因为他们过去没有什么经历。这两种人，大多今天过得都不太好，要用过去的美好记忆或明天的美好期望，来安慰今天的失败失意。他们不愿面对现实，害怕面对现实。其实，无论是怀念过去，还是畅想未来，都不过是自欺欺人的把戏，你的今天已经虚度，你的人生从此又少了一个创造奇迹的机遇。做人就要像第三个乞丐那样，才不会被饿死。

有些人，整天郁郁寡欢，一直抱怨自己过去的不幸，不停地抱怨并未给他带来任何好运，只能让他们的人生更加不幸。因为今天是明天的基础，明天会过成什么样，很大程度上取决于你有没有把握住今天。另一些人整天过得战战兢兢，用今天来为明天担忧，那明天只能为后天担忧。因为你浪费了创造明天的今天，明天自然就会如同你担忧的那般不如意。

“船到桥头自然直，车到山前必有路”，与其担心明天，不如立即行动让担忧的事情不再发生。

把握现在，珍惜时间

这世界上存在着很多的不公平，但有一样是公平的，那就是时间。我们每个人每天拥有的时间都是相同的，不同的就是看你有没有把握住。一天的时间，看起来很短，真正利用好了，却可以做很多事情。像海伦·凯勒在《假如给我三天光明》中写的那样，短短三天，她做了多少事情，看了多少事物啊。高尔基说过：“时间是最公平合理的，它从不多给谁一分。勤劳者能叫时间留下串串果实，懒惰者时间留给他们一头白发，两手空空。”我们不能让时间停留，但可以每时每刻都做些有意义的事。东汉文学家崔瑗，官至济北相。在他 40 多岁任郡吏时，不幸因事被捕入狱。狱中他听说有一位狱吏精通《礼》学，便抓紧一切时间向他学习，当狱吏审讯时，也不忘趁机请教有关问题。他的这种对待学习的精神，给我们每个人树立了榜样。

本杰明·富兰克林一生瑰丽传奇，功勋卓著，这与他懂得把握现在和珍惜时间是分不开的。他曾说过：“把握今日，等于拥有两倍的明日。”

有一次，富兰克林接到一个年轻人关于未来的求教电话，并与这个年轻人约好了见面的时间和地点。当年轻人如约而至时，富兰克林的房门大敞着，而眼前的房子里却乱七八糟，一片狼藉，年轻人很是意外。

没等年轻人开口，富兰克林就招呼道：“你看我这房间，太不整洁了，请你在门外等候1分钟，我收拾一下，你再进来吧。”然后富兰克林就轻轻地关上了房门。

不到1分钟的时间，富兰克林就又打开了房门，热情地把年轻人让进客厅。这时，年轻人的眼前展现出另一番景象——房间内的一切已变得井然有序，而且还多了两杯倒好的红酒。

年轻人在诧异中，还没有来得及把满腹的有关人生和事业的疑难问题向富兰克林讲出来，富兰克林却非常客气地说道：“干杯！你可以走了。”手持酒杯的年轻人一下子愣住了，带着一丝尴尬和遗憾说：“我还没向您请教呢……”

“这些……难道还不够吗？”富兰克林一边微笑一边扫视着自己的房间说，“你进来又有1分钟了。”“1分钟……”年轻人若有所思地说，“我懂了，您让我明白用1分钟的时间可以做许多事情，可以改变许多事情的深刻道理。”

大家都讲要把握现在，珍惜时间，但什么才算真正地“把握现在，珍惜时间”呢？关于这一点，本杰明·富兰克林已经告诉了我们很多。有时候，你会觉得生活很无聊，无事可做，时间太多，那是因为你还没有真正明白时间的价值与意义。这时，你可以去问一个刚刚延误飞机的游客，1分钟代表着什么；你再去问一个刚刚死里逃生的人，1秒钟的价有多少；最后，你去问一个刚刚与金牌失之交臂的运动员，一毫秒的意义是什么？

时间对我们每个人来说都是很珍贵的，只要你珍惜它，专注于自己想做的事，那你就不会这么无聊，脚下的路就会慢慢明朗起来。所以，还是不要留恋过去，展望未来了，珍惜时间，从现在做起吧。